동물 흔적

나들이도감

세밀화로 그린 보리 산들바다 도감

동물 흔적 나들이도감

그림 문병두, 강성주

글·감수 박인주

편집 김종현, 정진이

디자인 이안디자인

기획실 김소영, 김수연, 김용란

제작 심준엽

영업 나길훈, 안명선, 양병희, 원숙영, 조현정

독자 사업(잡지) 김빛나래, 정영지

새사업팀 조서연

경영 지원 신종호, 임혜정, 한선희

분해와 출력·인쇄 (주)로얄프로세스

제본 (주)상지사 P&B

1판 1쇄 펴낸 날 2017년 3월 20일 | **1판 4쇄 펴낸 날** 2022년 5월 31일

펴낸이 유문숙

펴낸 곳 (주) 도서출판 보리

출판등록 1991년 8월 6일 제 9-279호

주소 (10881) 경기도 파주시 직지길 492

전화 (031)955-3535 / **전송** (031)950-9501

누리집 www.boribook.com **전자우편** bori@boribook.com

잘못된 책은 바꾸어 드립니다.

값 12,000원

보리는 나무 한 그루를 베어 낼 가치가 있는지 생각하며 책을 만듭니다.

ISBN 978-89-8428-956-7 06470 978-89-8428-890-4 (세트)

이 도서의 국립중앙도서관 출판예정도서목록(CIP)은 서지정보유통지원시스템 홈페이지 (http://seoji.nl.go.kr)와 국가자료공동목록시스템(http://www.nl.go.kr/kolisnet)에서 이용하실 수 있습니다. (CIP 제어번호 : CIP2017005266)

세밀화로 그린 보리 산들바다 도감

우리 땅에 사는 젖먹이동물 30종

동물 흔적 나들이도감

그림 문병두, 강성주 | 감수 박인주

보리

일러두기

1. 아이부터 어른까지 함께 볼 수 있도록 쉽게 썼다.
2. 이 책에는 우리나라 남녘과 북녘에 사는 젖먹이동물 30종과 새 흔적이 실려 있다. 세밀화와 생태 그림은 하나하나 취재해서 그렸다.
3. 젖먹이동물은 분류 차례로 실었다. 동물 분류와 이름, 학명은 《한국의 포유동물》(동방미디어, 2004), 《한국동물명집》(아카데미서적, 1997), 《야생 동물》(윤명희, 대원사, 1992), 《조선짐승류지》(원홍구, 과학원출판사, 1968, 평양), 《한국동식물도감 제7권 동물편 포유류》(문교부, 1967)를 참고했다.
4. 다른 이름은 《한국방언사전》(최학근, 1994)을 참고했다.
5. '그림으로 찾아보기'는 '발자국으로 찾기'와 '똥으로 찾기'로 나눠 동물 흔적을 봤을 때 찾기 쉽도록 했다.
6. 과명에 사이시옷은 적용하지 않았다.
7. 발자국 크기는 세로 길이와 가로 길이를 나타낸 것이다. 걸음 폭은 앞발 앞 끝에서 다음 앞발 앞 끝이나, 뒷발 앞 끝에서 다음 뒷발 앞 끝까지 잰 길이다.

8. 본문 보기

취재한 때와 곳

동물 흔적
나들이도감

새가 남긴 흔적

동물 흔적 더 알아보기

동물이 남긴 흔적

찾아보기

그림으로 찾아보기

발자국으로 찾기

똥으로 찾기

발자국으로 찾기

식충목

앞발 발가락 5, 뒷발 발가락 5, 발톱 찍힘

고슴도치과

고슴도치 발자국 26

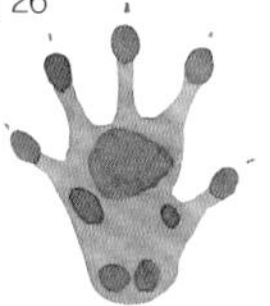

앞발 발자국
4 x 3.5cm

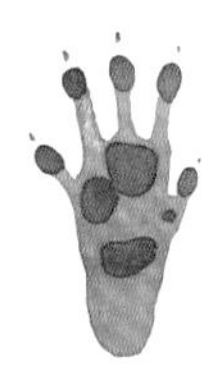

뒷발 발자국
5 x 2.5cm

두더지과

두더지 발자국 28

앞발 발자국
1.8 x 1cm

뒷발 발자국
2.2 x 1cm

첨서과

땃쥐 발자국 32

앞발 발자국
0.7 x 0.7cm

뒷발 발자국
1 x 0.7cm

쥐목

앞발 발가락 4, 뒷발 발가락 5, 발톱 찍힘

다람쥐과

청설모 발자국 34

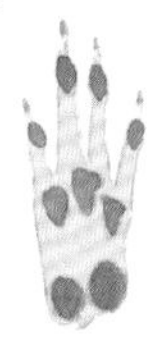

앞발 발자국
4 x 2cm

뒷발 발자국
6 x 3cm

다람쥐 발자국 44

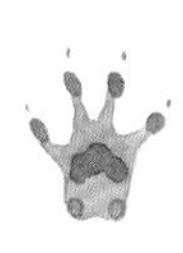

앞발 발자국
1 x 1cm

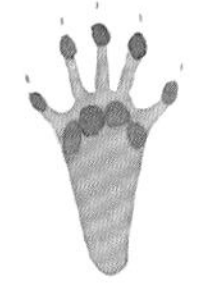

뒷발 발자국
3 x 1.5cm

쥐과

쥐 발자국 48

앞발 발자국
1.5 x 1.3cm

뒷발 발자국
2 x 1.5cm

토끼목

멧토끼과

앞발 발가락 4, 뒷발 발가락 4, 발톱 안 찍힘

멧토끼 발자국 62

앞발 발자국
6 x 4cm

뒷발 발자국
14~20 x 5cm

식육목

개과

앞발 발가락 4, 뒷발 발가락 4, 발톱 찍힘

너구리 발자국 74

앞발 발자국
5.5 x 4.8cm

뒷발 발자국
5.3 x 3.7cm

늑대 발자국 84

앞발 뒷발 발자국
9 x 7cm

여우 발자국 86

앞발 뒷발 발자국
7 x 5cm

곰과

앞발 발가락 5, 뒷발 발가락 5, 발톱 찍힘

반달가슴곰 발자국 88

앞발 발자국
10 x 12cm

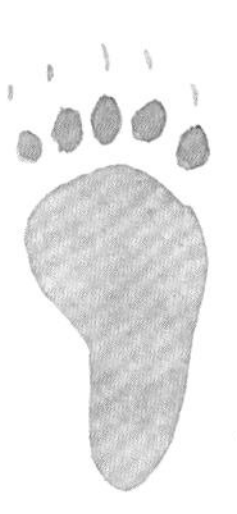

뒷발 발자국
15 x 11cm

불곰 발자국 92

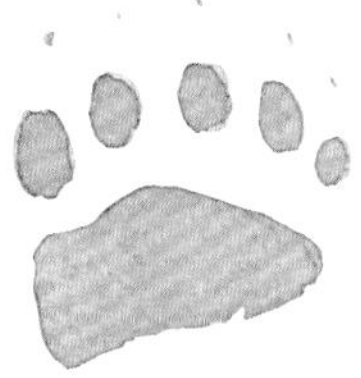

앞발 발자국
18 x 21cm

뒷발 발자국
30 x 17cm

족제비과

앞발 발가락 5, 뒷발 발가락 5, 발톱 찍힘

족제비 발자국 94

앞발 발자국
2 x 2cm

뒷발 발자국
3 x 2.6cm

무산흰족제비 발자국 100

앞발 발자국
1.5 x 1cm

뒷발 발자국
2~3 x 1~1.5cm

수달 발자국 104

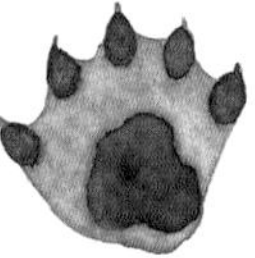

앞발 발자국
6 x 5cm

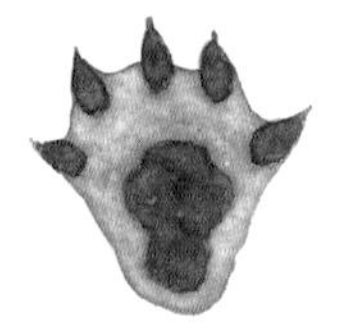

뒷발 발자국
7 x 6cm

노란목도리담비 발자국 112

앞발 발자국
6~8 x 5~6cm

뒷발 발자국
6~8 x 5~6cm

오소리 발자국 114

앞발 발자국
6.5 x 5cm

뒷발 발자국
6.5 x 5cm

고양이과

앞발 발가락 4, 뒷발 발가락 4, 발톱 안 찍힘

삵 발자국 118

발자국
4 x 4cm

스라소니 발자국 128

앞발 발자국
6.5 x 5.5cm

표범 발자국 130

발자국
9 x 7cm

호랑이 발자국 132

앞발 발자국
15 x 15cm

소목

앞발 발가락 2, 뒷발 발가락 2, 작은 발굽 찍히거나 안 찍히거나

멧돼지과

멧돼지 발자국 134

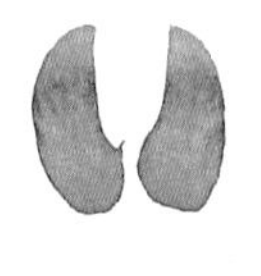

앞발 발자국
13 x 11cm

뒷발 발자국
13 x 11cm

사슴과

고라니 발자국 146

앞발 발자국
5 x 4cm

뒷발 발자국

노루 발자국 156

앞발 발자국
6 x 3.5cm

꽃사슴 발자국 164

발자국
5.5 x 4cm

누렁이 발자국 166

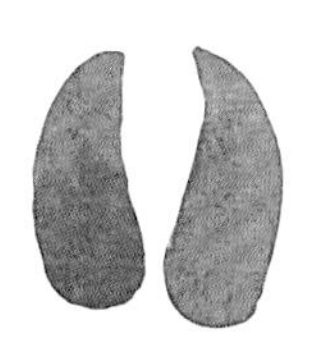

앞발 발자국
9 x 7cm

소과

산양 발자국 168

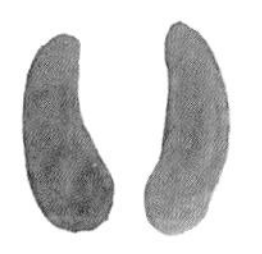

발자국
5 x 5cm

똥으로 찾기

청설모 똥 34

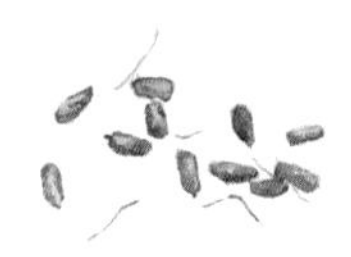

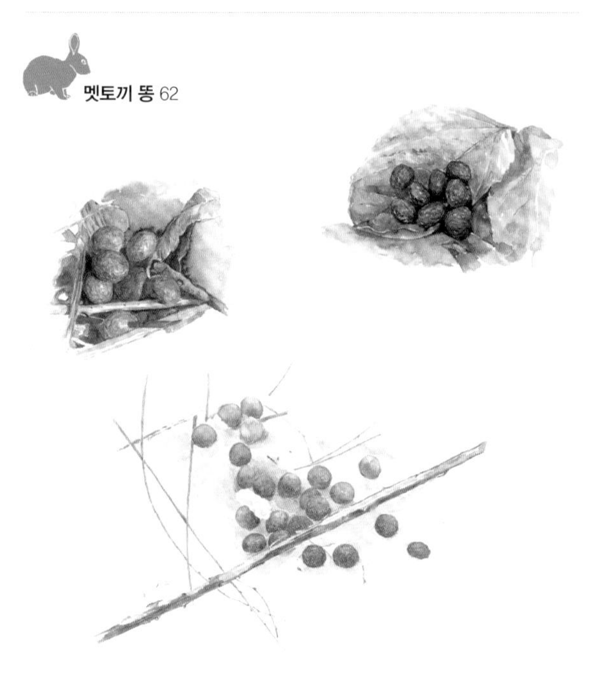

멧토끼 똥 62

너구리 똥 74

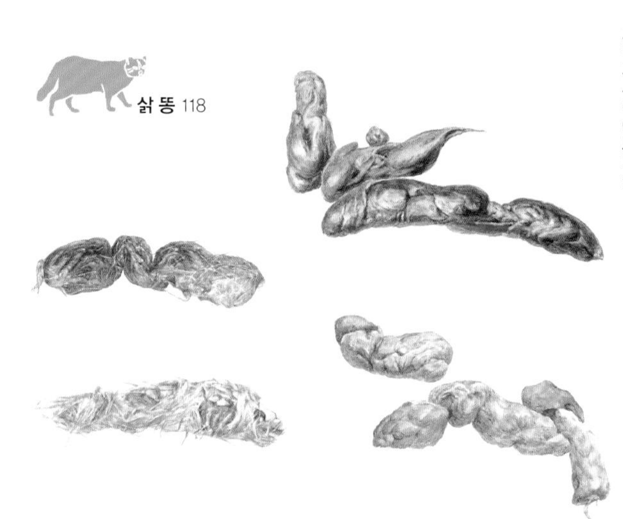

삵 똥 118

멧돼지 똥 134

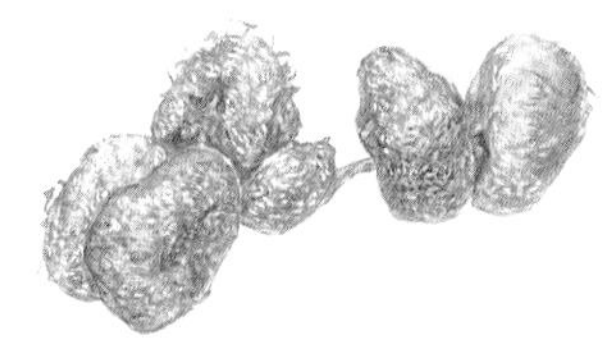

고라니 똥 146

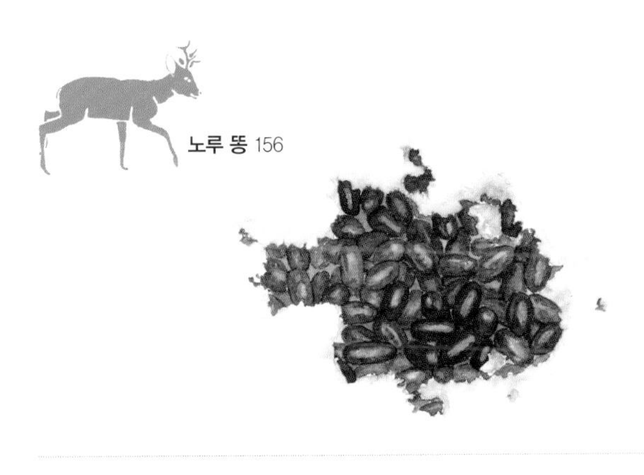
노루 똥 156

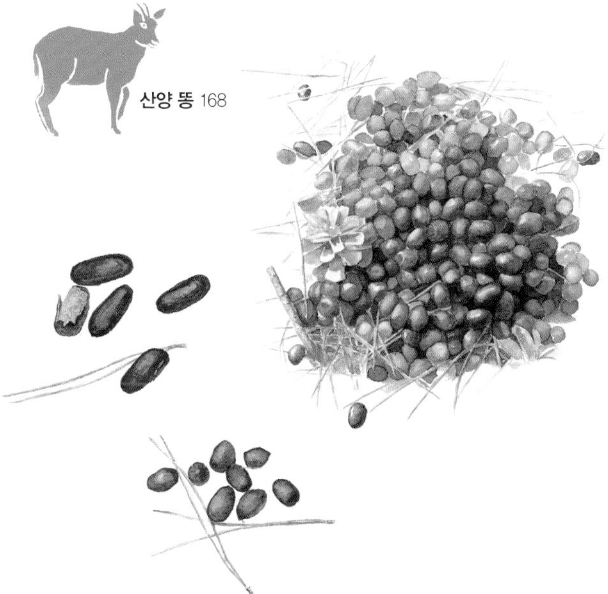
산양 똥 168

우리 땅에 사는 젖먹이동물

고슴도치 그스리, 고순도치 *Erinaceus amurensis*

2004년 10월. 경기 과천 서울대공원 동물원

식충목 고슴도치과

먹이 곤충, 쥐, 개구리, 새알, 산열매, 버섯

수명 2~3년

몸길이 10~25cm

짝짓기 6~7월

새끼 3~7마리

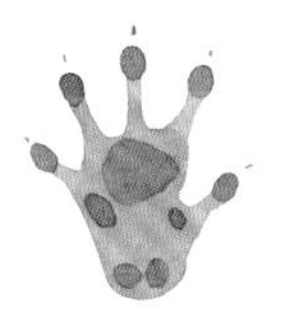

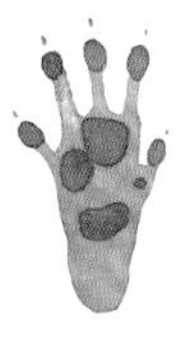

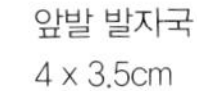

앞발 발자국
4 x 3.5cm

뒷발 발자국
5 x 2.5cm

걸음 폭 10cm 안팎

앞발 뒷발 모두 발가락이 다섯 개이고
발톱이 있다. 엄지발가락이 희미하게
찍히거나 아예 안 찍히기도 해서
발가락이 네 개인 것처럼 보일 때가 많다.

고슴도치는 온몸에 날카로운 가시가 나 있다. 보통 때는 가시를 눕히고 있지만 위험을 느끼면 몸을 동그랗게 말아서 가시를 곤두세운다. 낮은 산이나 들에서 산다. 버려진 굴에서 살거나, 마른 나뭇잎이나 풀로 둥지를 틀기도 한다. 낮에는 잠을 자고 해거름에 나와 먹이를 찾는다. 이것저것 안 가리고 먹는데 벌레를 가장 잘 먹는다. 11월쯤부터 겨울잠을 자러 들어간다. 겨울잠에서 깨어나면 묵은 가시가 빠지고 새 가시가 난다. 봄에 짝짓기를 해서 6~7월에 새끼를 3~7마리 낳는다. 다리가 짧아서 빨리 못 뛰고 움직임이 둔하다.

두더지 뒤지기, 두돼지, 두더쥐 *Talpa mogera*

식충목 두더지과
먹이 벌레, 지렁이
수명 3～5년
몸길이 13～17cm
짝짓기 3～4월
새끼 2～4마리

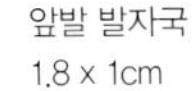

앞발 발자국
1.8 x 1cm

뒷발 발자국
2.2 x 1cm

걸음 폭 4cm 안팎

앞발이 뒷발보다 훨씬 크다. 앞발과 뒷발 모두 발자국에 발가락이 다섯 개씩 찍힌다. 앞발 발자국은 발톱 다섯 개가 점으로 찍히는 것이 특징이다.

두더지는 땅속을 파고 돌아다닌다. 돌이 많거나 단단한 땅에서는 못 산다. 두더지가 굴을 파고 지나간 자리는 땅 위로 흙이 봉긋 솟는다. 삽처럼 생긴 큰 앞발로 흙을 긁어 양옆으로 밀쳐 내면서 굴을 판다. 앞발에는 땅을 파기 좋게 튼튼한 갈고리 발톱이 있다. 땅 위에서는 굼뜨지만 땅속에서는 몸놀림이 빠르다. 엉덩이가 작아서 굴속에서 쉽게 몸을 돌려 오던 길을 되돌아갈 수 있다. 깜깜한 굴에서 살기 때문에 눈이 어둡다. 대신 귀가 밝아서 땅 위에서 들리는 소리를 금방 알아챈다. 지렁이 같은 먹이는 냄새로 찾아낸다.

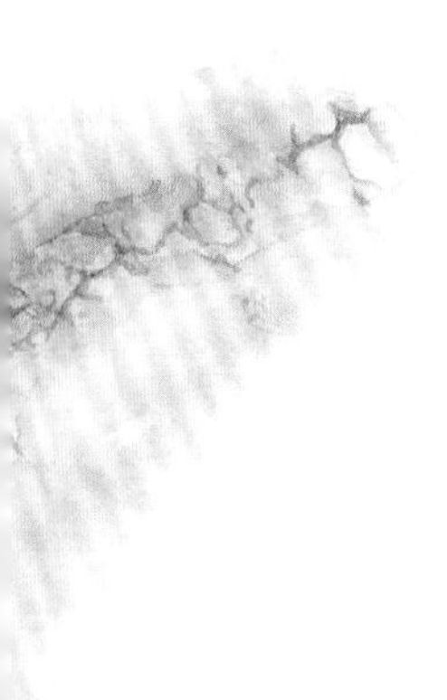

두더지가 논둑길을 따라 땅굴을 파고 지나갔다. 솟아오른 흙이 폭신하고 부드럽다. 밟으면 푹 꺼진다.

2005년 3월. 충북 청원 다락리

두더지 땅굴 자국

두더지는 땅 위로 좀체 올라오지 않기 때문에 발자국이나 똥을 보기가 어렵다. 발자국이 보여도 길게 이어지지 않고 땅속으로 금세 사라진다. 대신 땅 위로 불룩하게 솟은 긴 땅굴 자국은 흔하게 볼 수 있다. 5~15cm 깊이에서 굴을 파고 지나가기 때문에 땅거죽이 위로 도드라지며 깨진다. 길게 이어져 있어서 쉽게 눈에 띈다. 땅굴 끝에 두더지가 밖으로 밀어 올린 흙이 소복이 쌓여 있기도 하는데 이것을 '두더지 무덤'이라고 한다.

땃쥐 *Crochidura lasiura*

식충목 첨서과
먹이 벌레, 지렁이, 달팽이, 지네
수명 1～2년
몸길이 6～10cm
짝짓기 여름
새끼 4～6마리

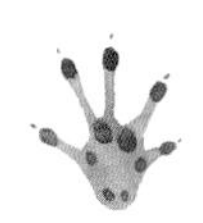

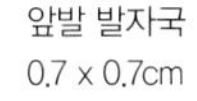

앞발 발자국
0.7 x 0.7cm

뒷발 발자국
1 x 0.7cm

걸음 폭 3cm 안팎

쥐 발자국과 비슷한데 조금 작다.
앞발 뒷발 모두 발가락이 다섯 개다.
쥐는 앞발 발가락이 네 개다.

땃쥐는 젖먹이동물 가운데 가장 작다. 이름도 생김새도 쥐와 닮았지만 좀 더 작고 주둥이가 길고 뾰족하다. 두더지나 고슴도치에 가깝다. 땃쥐는 쥐와 달리 벌레를 많이 잡아먹는다. 나무가 우거진 곳에 살면서 낮에는 쉬고 밤에 나온다. 오랫동안 쌓인 나뭇잎이 썩은 곳을 좋아한다. 겨울에도 겨울잠을 안 자고 쉴 새 없이 벌레를 찾아 먹는다. 두엄더미나 뒷간, 하수구에도 드나든다. 스스로 굴을 안 파고 남이 파 놓은 굴을 쓰거나, 돌 틈이나 가랑잎 밑에 둥지를 튼다.

청설모 청살피, 청서, 청솔모 *Crochidura lasiura*

2004년 5월. 경기 하남 검단산

쥐목 다람쥐과

먹이 도토리, 가래, 솔방울, 벌레, 새알, 버섯

수명 8~10년

몸길이 20~25cm

짝짓기 겨울

새끼 3~5마리

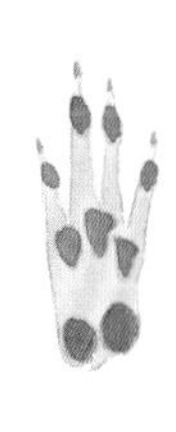

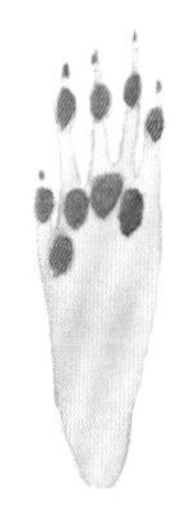

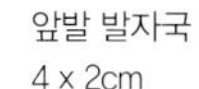

앞발 발자국
4 x 2cm

뒷발 발자국
6 x 3cm

걸음 폭 30cm 안팎

청설모 앞발은 발가락이 네 개이고
뒷발은 다섯 개다. 발톱도 있다.
겨울에는 발바닥이 두터운 털로 덮여서
발자국이 또렷하게 드러나지 않는다.

청설모는 나무 타기 선수다. 땅에는 잘 안 내려오고 나무 위에서 살다시피 한다. 어쩌다 땅에 내려오면 네 발을 모아 폴짝폴짝 뛰어다닌다. 온몸이 잿빛 털로 덮여 있고, 꼬리가 길고 털이 부얼부얼하다. 오래전부터 우리 땅에서 살아온 흔한 산짐승이다. 낮에 나와 돌아다니며 잣, 도토리 같은 산열매를 즐겨 먹는다. 버섯이나 새알도 먹고 벌레나 작은 농불도 잡아먹는 잡식성이다. 가을에 잣이나 도토리 같은 산열매를 땅에 묻어 두었다가 겨울에 찾아 먹는다. 다람쥐는 겨울잠을 자지만 청설모는 안 잔다.

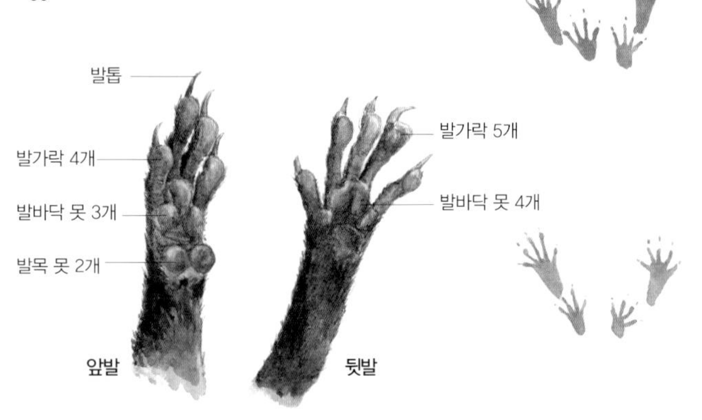

청설모는 발톱이 길고 날카로우며
안으로 조금 굽어서 나무를 잘 탄다.

네 발을 모아 뛰어간 자국

청설모가 뛰어간 발자국

청설모는 걷지 않고 뛰기 때문에 늘 네 발이 함께 찍힌다. 기다란 뒷발 한 쌍이 앞에 놓이고 작고 동그란 앞발 한 쌍이 뒤에 놓인다. 청설모와 달리 멧토끼 발자국은 뒤에 찍히는 앞발 한 쌍이 앞뒤로 떨어져서 찍힌다.

청설모가 나무에서 내려와서 먹이를 찾아 먹고 다른 나무로 올라갔다. 네 발이 함께 찍혀 있다. 걸음 폭 30cm

2005년 2월. 경북 춘양 삼동산 잣나무 숲

눈에 찍힌 청솔모 발자국

청설모가 먹은 자국

청설모는 잣이나 호두, 가래, 솔방울, 도토리 같은 나무 열매를 즐겨 먹는다. 버섯이나 벌레도 먹고, 사람이 흘린 음식을 주워 먹기도 한다. 청설모가 먹은 잣이나 가래는 껍데기가 딱 절반으로 갈라져 있어서 금방 알아볼 수 있다.

가을에 잣이 여물면 청설모는 나무를 타고 다니면서 잣송이를 따서 땅에 마구 떨어뜨린다. 땅에 내려와서는 앞발로 잣송이 겉껍데기를 뜯어내고 잣을 입으로 하나하나 뽑아낸다. 딱딱한 잣 껍데기를 날카로운 앞니로 깨물어서 칼로 쪼갠 것처럼 반으로 딱 쪼개고 속을 꺼내 먹는다. 한 자리에서 잣 한두 송이쯤은 금세 까먹는다. 청설모가 잣을 실컷 까먹은 자리에는 잣 껍데기가 소복이 쌓인다.

가래나 도토리도 반으로 쪼개 먹는다. 가래 껍데기는 먼저 앞니로 뾰족한 쪽을 갉아서 조그만 틈을 만든 뒤에, 그 틈에 튼튼한 앞니를 넣고 비틀어서 쪼갠다. 그래서 반으로 갈라진 껍데기 뾰족한 쪽에는 틈을 낸 자리가 꼭 있다. 솔방울도 곧잘 먹는다. 소나무 밑동에 청설모가 뜯어 먹고 버린 솔방울이 많다.

청설모가 잣을 빼 먹고 버린 잣송이

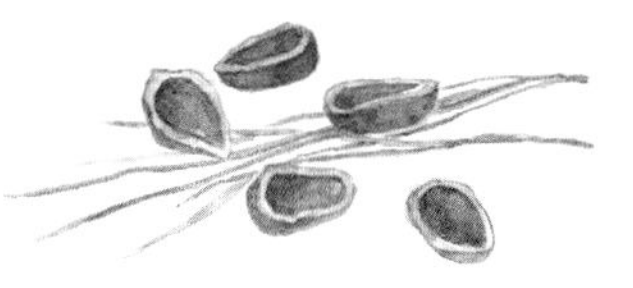

반으로 쪼개진 잣 껍데기

2004년 12월. 경기 포천 직동리 산기슭

청설모가 뜯어 먹은 솔방울

2005년 1월. 강원 양구 지석리 산기슭

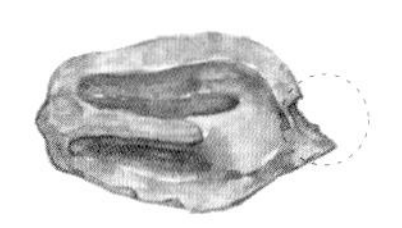

청설모가 먹은 가래 껍데기
반으로 갈라져 있다. 가래를 쪼개려고
앞니로 갉아서 낸 조그만 틈도 보인다.

2004년 11월. 강원 양구 수입천 산자락

청설모가 나무에서 내려와 눈을 파헤쳐 먹이를 찾아 먹고는 다시 나무 위로 올라갔다. 발자국이 나무 아래에서 뚝 끊긴다.

2005년 2월. 경북 춘양 삼동산 잣나무 숲

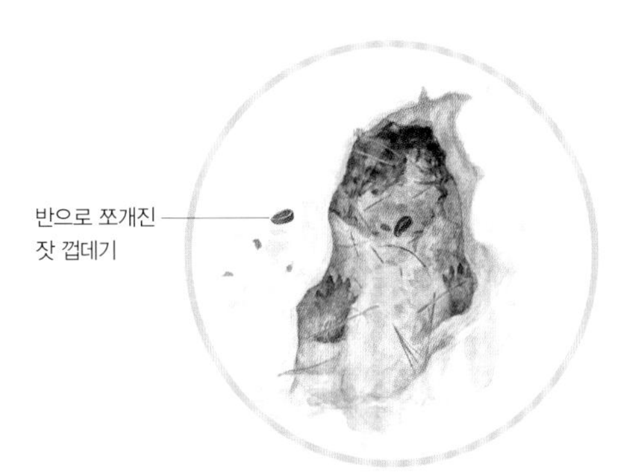

청설모가 눈을 파헤치고 잣을 찾아서 까먹었다. 청설모 발자국도 보인다.

2005년 2월, 경북 춘양 삼동산 잣나무 숲

청설모가 뒤진 자리

청설모는 가을에 먹을 것을 땅속에 묻어 두었다가 겨울에 찾아 먹는다. 한 곳에 잣 한두 개를 숨긴다. 겨울에 눈 쌓인 산에 가면 청설모가 눈을 파헤치고 가랑잎 속에서 먹이를 찾아 꺼내 먹은 흔적을 볼 수 있다. 나무에서 쪼르르 내려온 뒤 이곳저곳 헤매지 않고 곧장 잣을 묻어 둔 곳으로 간다. 눈을 파헤치고 잣을 찾아서 까먹고는 다시 나무로 올라간다. 나뭇가지를 타고 옆 나무로 옮겨 다니면서 잣을 찾아 먹으러 또 내려온다. 냄새를 잘 맡아서 눈이 많이 쌓여도 잣 숨긴 곳을 틀림없이 찾는다.

낙엽송에 지은 청설모 둥지.
까치 둥지와 닮았다.

2005년 4월. 경기 하남 검단산

청설모 둥지

청설모는 나무 위에 둥지를 짓는다. 꼭 까치 둥지처럼 생겼다. 잣나무나 소나무, 전나무처럼 먹을 것이 많고 숨기 좋은 늘푸른나무에 둥지를 많이 짓는다. 겨울에도 푸른 잎이 둥지를 가려 준다. 나무 꼭대기에는 잘 안 짓는다. 나뭇가지를 물어다가 둥글게 쌓은 다음, 그 속에 이끼나 짐승 털, 마른 나뭇잎같이 부드러운 것을 깔아 둥지를 짓는다. 둥지 지름은 50cm 안팎이다. 드나드는 문은 지름이 5cm 안팎인데, 남쪽이나 동남쪽으로 둥그렇게 나 있다.

청설모는 까치가 살다가 떠난 빈 둥지를 제집으로 삼기도 한다. 따로 둥지를 짓지 않고 나무 구멍에서 살기도 한다. 나무 구멍에서 지내는 청설모는 나무 밑에서 나무 줄기를 살살 긁으면 궁금해서 구멍 밖으로 고개를 쏙 내민다.

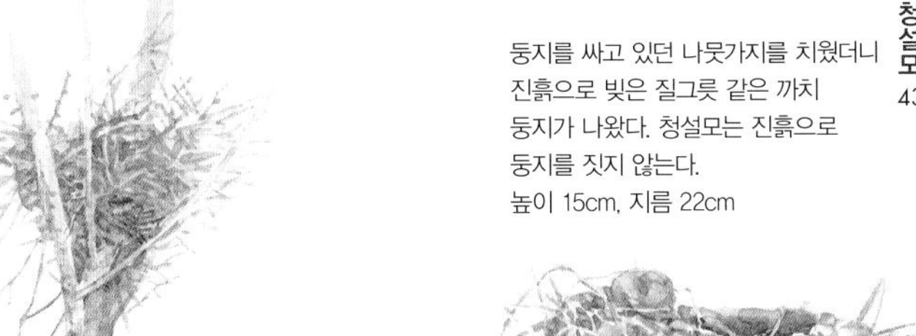

둥지를 싸고 있던 나뭇가지를 치웠더니
진흙으로 빚은 질그릇 같은 까치
둥지가 나왔다. 청설모는 진흙으로
둥지를 짓지 않는다.
높이 15cm, 지름 22cm

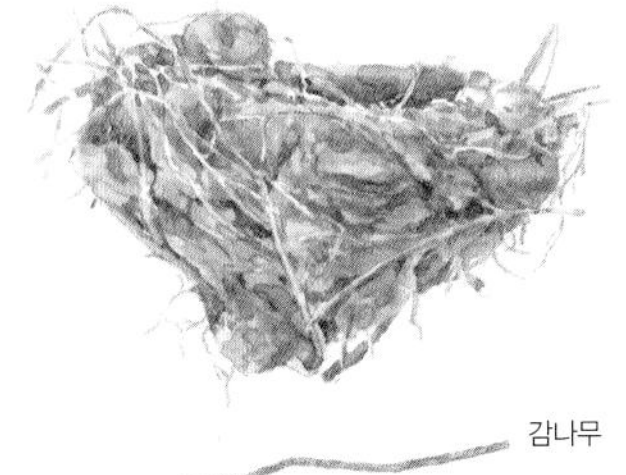

까치가 살다가 떠난 둥지에
청설모가 들어가서 살았다.
지름이 60cm가 넘는 큰 둥지다.

2005년 2월. 강원 양구 월운저수지

감나무
아까시나무
참나무
양버즘나무
벚나무

까치가 둥지를 지으면서 하나하나
입으로 물어 나른 나뭇가지들. 죽은
나무에서 가지를 물어 오기도 하고
생나무를 잘라 오기도 한다.
나뭇가지 길이 30~45cm.

둥지 안에는 부드러운 것이 깔려 있다.
바닥 한쪽에서 쌀알보다 작은 청설모
새끼 똥이 무더기로 나왔다.

다람쥐 다래미, 볼제비, 새양지 *Tamias sibiricus*

2002년 10월. 경기 고양 북한산

쥐목 다람쥐과
먹이 도토리, 밤, 잣, 개미, 거미
수명 5~6년
몸길이 12~20cm
짝짓기 3월
새끼 3~7마리

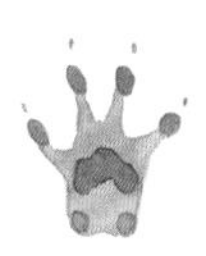

앞발 발자국
1 x 1cm

뒷발 발자국
3 x 1.5cm

걸음 폭 5~10cm 안팎

앞발은 발가락이 네 개, 뒷발은 다섯 개다.
발톱도 있다. 늘 뛰기 때문에 네 발이
함께 찍히고, 뒷발이 앞발 앞에 놓인다.
멀리 뛸 때는 20~30cm까지 뛴다.
청설모 발자국보다 작다.

다람쥐는 산에 사는 흔한 산짐승이다. 온몸이 밝은 밤색이고, 등에 까만 줄이 다섯 줄 나 있다. 눈 옆에는 흰 줄이 두 줄 있다. 몸집이 청설모보다 훨씬 작고 꼬리도 더 가늘다. 움직일 때는 꼬리를 곧추세운다. 청설모처럼 나무도 타지만 땅에서 더 많이 지낸다. 뺨에 먹이주머니가 있어서 먹이를 잔뜩 집어넣고 나른다. 낮에 돌아다니면서 도토리나 솔씨, 잣을 까먹고 애벌레나 개미, 기미 따위를 잡아먹기도 한다. 먹이를 찾으면 바위나 나무 그루터기처럼 안전한 곳에 가서 먹는다. 짹짹거리며 우는데 꼭 새소리처럼 들린다.

쥐 굴과 비슷하게 생겼다.
구멍 앞에 잣이 놓여 있다.

2005년 2월. 강원 양구 지석리 산

다람쥐 굴

다람쥐는 땅속에 굴을 파고 산다. 여름 굴과 겨울 굴이 따로 있다. 여름 굴은 길이도 짧고 먹이 창고도 없다. 겨울 굴은 땅속 30~50cm 깊이로 내려가고 길이도 2~3m까지 뻗는다. 굴 입구는 두세 개 있고 지름이 5cm 안팎이다. 방도 여러 개 있다. 이 방에서 새끼를 낳아 키우고 먹이도 모아 두고 겨울잠도 잔다. 10월 중순이면 겨울잠을 자는데 죽은 듯이 깊이 잔다. 날이 따뜻하면 잠에서 깨어나 모아 둔 먹이를 먹고 똥을 누고 다시 잔다. 3월에 겨울잠에서 깨면 바로 짝짓기를 하고 오뉴월에 새끼를 3~7마리 낳는다. 새끼는 7주가 지나면 굴 밖으로 나오고, 8주가 지나면 어미 곁을 떠나 혼자 산다.

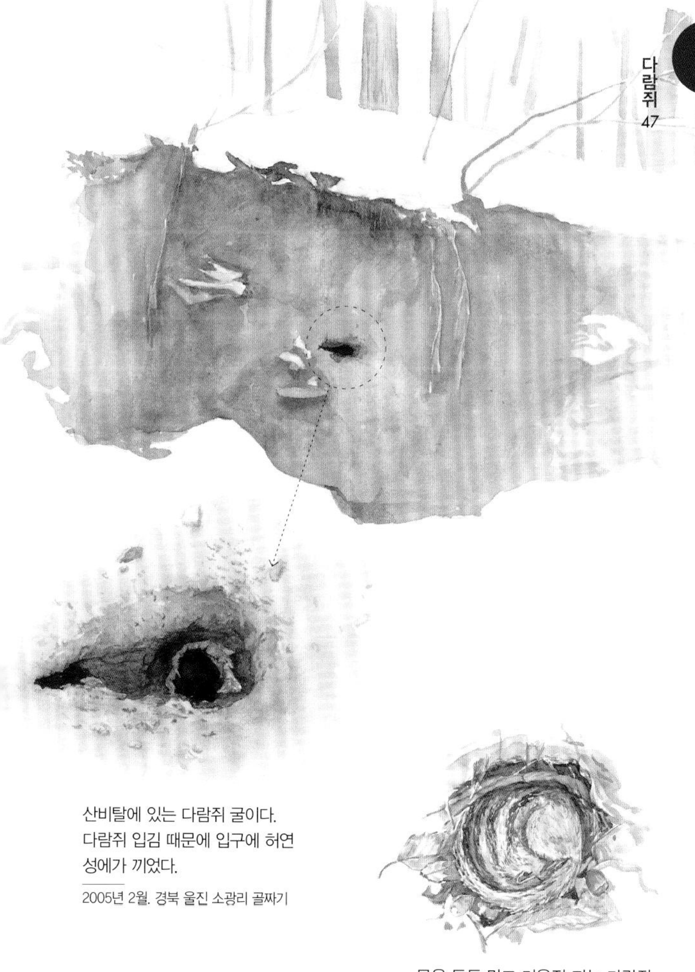

산비탈에 있는 다람쥐 굴이다.
다람쥐 입김 때문에 입구에 허연
성에가 끼었다.

2005년 2월. 경북 울진 소광리 골짜기

몸을 돌돌 말고 겨울잠 자는 다람쥐

등줄쥐 *Apodemus agrarius*

2004년 12월. 경기 포천 산기슭 풀밭

쥐목 쥐과
먹이 풀 이삭, 벼, 산열매
수명 1~3년
몸길이 4.8~35.5cm
짝짓기 한 해 여러 번
새끼 4~8마리

앞발 발자국
1.5 x 1.3cm

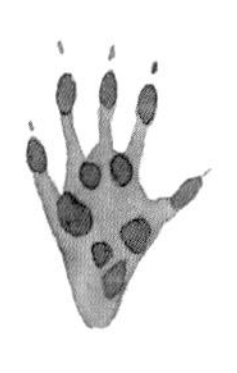

뒷발 발자국
2 x 1.5cm

걸음 폭 5cm 안팎

앞발은 발가락이 네 개, 뒷발은
다섯 개다. 발톱도 있다.

쥐는 젖먹이동물 가운데 수가 가장 많다. 새끼도 한 해에 여러 번 치고 한 번에 예닐곱 마리씩 낳는다. 산과 들은 물론 집에도 들어와 살고 하수구에도 돌아다닌다.

쥐는 귀가 밝고 냄새를 잘 맡는다. 움직임도 아주 재빠르다. 어두운 밤에 나와 곡식이나 산열매를 갉아 먹는다. 집쥐는 사람이 먹는 것은 다 먹고, 때로는 병아리도 잡아먹고 비누도 갉아 먹는다. 앞니가 줄곧 자라기 때문에 가구나 옷, 책, 나무나 건물 벽까지 닥치는 대로 쏠아 놓는다.

산과 들에 사는 쥐

우리나라에는 쥐가 스무 종쯤 산다. 등줄쥐나 멧밭쥐처럼 논밭이나 낮은 산자락에 널리 퍼져 사는 쥐도 있고, 비단털들쥐처럼 높은 산에서 사는 쥐도 있다. 집쥐는 이름처럼 집에서 사는데, 봄가을에는 밖에 나가 살기도 한다.

몸길이 67~128mm

2004년 12월. 경기 포천 산기슭 풀밭

등줄쥐 *Apodemus agrarius*

우리나라에서 가장 흔한 들쥐다. 등 가운데 까만 줄이 한 줄 나 있다. 땅에 굴을 파고 산다. 풀 이삭이나 열매를 먹는다. 똥오줌으로 '출혈열'이라는 병을 옮긴다.

몸길이 82~113mm

2002년 1월, 전남 구례 지리산

흰넓적다리붉은쥐 *Apodemus peninsulae*

높은 산 우거진 숲에 많다. 풀 이삭이나 도토리 같은 산열매를 먹고 산다. 다른 들쥐보다 뒷다리가 튼튼해서 재빠르게 뛰어다닌다. 이름처럼 뒷다리 넓적다리에 하얀 털이 나 있다.

몸길이 80~150mm

2005년 5월. 강원 인제 점봉산

비단털들쥐 *Eothenomys regulus*

높은 산 바위가 많고 비탈진 곳에서 많이 산다. 몸집이 작다. 털이 비단처럼 부드럽고 윤기가 흐른다. 강원도 화전 돌담이나 대관령 목장에서 발견되기도 한다.

몸길이 160~230mm

2004년 11월, 경기 하남 하산곡동 하수구

집쥐(시궁쥐) *Rattus norvegicus*

집 둘레에서 가장 흔하게 보는 큰 쥐다. 집 마당이나 창고나 하수구 같은 곳에 살면서 사람이 먹는 것은 다 먹는다. 곡식이나 풀 이삭도 먹는다. 경계심이 많고 사납다.

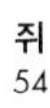

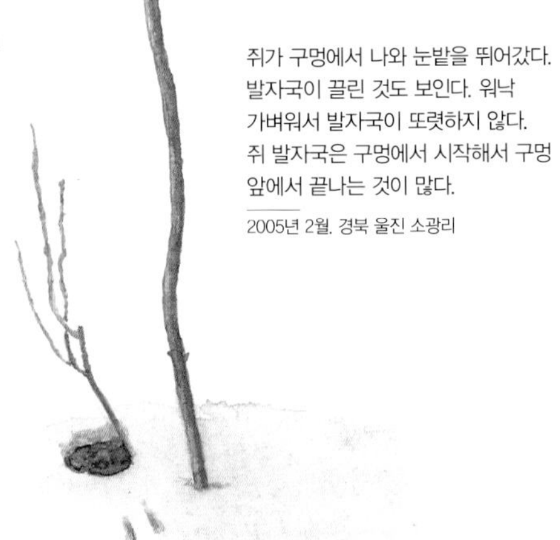

쥐가 구멍에서 나와 눈밭을 뛰어갔다. 발자국이 끌린 것도 보인다. 워낙 가벼워서 발자국이 또렷하지 않다. 쥐 발자국은 구멍에서 시작해서 구멍 앞에서 끝나는 것이 많다.

2005년 2월. 경북 울진 소광리

쥐가 뛰어간 발자국

쥐는 몸집이 작은 만큼 발자국도 작다. 몸이 가벼워서 발자국도 살짝 찍힌다. 크기며 생김새가 땃쥐 발자국과 무척 닮았는데, 땃쥐는 앞발 뒷발 모두 발가락이 다섯 개다.

쥐 발자국은 얼핏 보면 작은 새 발자국과도 닮았다. 새는 발가락 세 개가 앞으로 나 있고, 다른 발가락 하나는 뒤로 나 있다. 또 쥐 발자국은 발바닥도 찍히지만, 새 발자국에는 발가락 자국뿐이다.

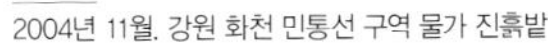
2004년 11월. 강원 화천 민통선 구역 물가 진흙밭

쥐가 네 발을 모아 뛰어간 자국.
걸음 폭 5cm

쥐가 가래와 잣 껍데기에
구멍을 내 속을 파 먹었다.

2004년 11월, 강원 양구 수입천 산자락

고구마를 갉아 먹는 등줄쥐

2005년 1월, 서울 마포 서교동

쥐가 쏠아 놓은 나무토막

2004년 11월, 강원 양구 수입천 산자락

쥐가 먹은 자리

쥐는 곡식과 열매를 즐겨 먹는다. 이빨이 튼튼해서 무엇이든 잘 갉아 먹는다. 잣이나 가래처럼 단단한 열매는 껍데기에 작은 구멍을 내서 속을 파먹는다. 쥐는 키가 작아서 풀을 뜯어 먹은 자리가 아주 낮다.
쥐가 먹은 자국은 이빨 자국이 작고 가지런해서 금방 알 수 있는데, 멧토끼가 먹은 자국과 헷갈린다. 호박이나 무나 감자를 먹을 때 쥐는 밑에서 위로 먹고, 멧토끼는 위에서 아래로 먹는다. 또 쥐는 구멍을 파고 속에 들어가서 빈 껍질만 남을 때까지 다 먹은 다음 새 것을 먹는다. 멧토끼는 하나를 온전히 다 안 먹고 이것저것을 한두 입씩 지분거려 놓는다. 또 쥐처럼 구멍을 내지 않고 껍질부터 넓게 갉아 먹는다.

쥐 굴 앞에 벼 이삭이 떨어져 있다. 벼는 쥐가 무척 좋아하는 먹이다.

2004년 11월, 강원 양구 수입천 논둑

쥐가 호박을 파먹었다. 먼저 동그랗게 작은 구멍을 내고 호박 속에 들어가 파먹는다. 구멍 지름 3cm

2004년 11월, 강원 양구 비닐하우스 앞

쥐가 까먹은 호박씨

족제비를 해부한 뒤 양지바른 풀밭에 두었다. 며칠 뒤에 가 보니 족제비 주검은 뼈만 남고 까만 쥐똥이 쌓여 있었다.

2005년 3월, 경기 파주출판단지

논둑에 나 있는 쥐 굴. 굴 앞에 똥을 싸 놓았다. 구멍 지름 4cm.

2004년 11월. 강원 양구 수입천 논둑

쥐 굴

쥐는 거의 다 땅속에 굴을 파고 산다. 굴로 들어가는 구멍은 지름이 5cm 안팎으로 조그맣지만, 땅속에서는 굴이 이리저리 사방으로 뻗는다. 새끼를 치는 보금자리는 가장 깊고 안전한 곳에 둔다.
산과 들에는 쥐구멍이 여기저기 무척 많다. 입구에 거미줄이 있거나 가랑잎이 쌓여 있으면 버려진 쥐구멍이다. 입구가 깨끗하고, 그 앞에 쥐 발자국이나 쥐똥이 있으면 틀림없이 쥐가 사는 굴이다. 겨울에는 쥐가 내뿜는 더운 입김이 찬바람을 맞아 쥐구멍에 성에가 낀다.

양지바른 산비탈에 나 있는
쥐구멍들. 구멍 지름이
3cm로 크기가 작다.

2004년 12월. 경기 포천 산기슭

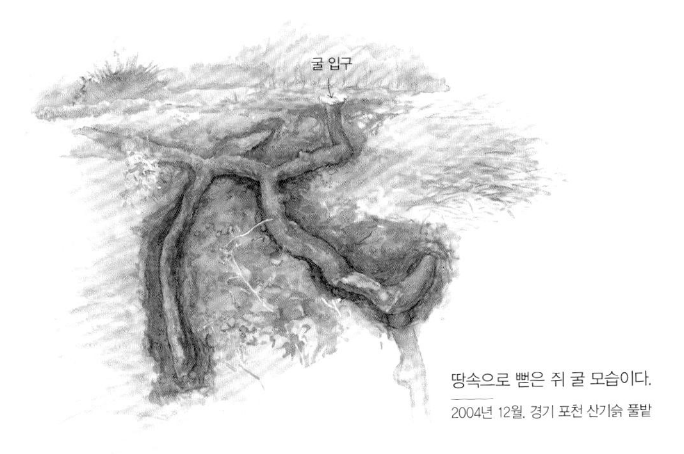

땅속으로 뻗은 쥐 굴 모습이다.

2004년 12월. 경기 포천 산기슭 풀밭

공처럼 생긴 멧밭쥐 둥지
둥지 지름 8~15cm,
입구 지름 1.5~2cm

2005년 1월. 강원 양구 지석리 묵정밭

멧밭쥐 둥지

멧밭쥐는 우리나라에서 살고 있는 쥐 가운데 덩치가 가장 작다. 억새나 갈대 잎에 올라가도 풀잎이 안 꺾인다. 멧밭쥐는 풀 줄기에 둥지를 짓고 새끼를 친다. 둥지는 얼핏 보면 새 둥지 같다. 높이가 30~50cm쯤 되는 풀 위에 둥지를 짓기도 하고, 바닥 가까이 낮은 데 짓기도 한다. 둥지는 긴 풀잎을 세로로 가늘게 찢은 다음 돌려 엮어서 만든다. 겉은 거칠거칠하지만 속에는 부드러운 풀을 깐다. 여름에 둥지에서 새끼를 4~5마리 낳고 키운다. 새끼가 다 자라는 가을 무렵에는 둥지를 버리고 땅으로 내려와 다른 쥐처럼 굴을 파고 들어가서 산다. 한번 쓴 둥지는 버리고 이듬해 새로 만든다. 갈대밭에 많다.

풀 줄기에 멧밭쥐 둥지가 매달려 있다. 사람들이 잘 오지 않는 곳이어서 멧밭쥐가 안심하고 길가 풀숲에 둥지를 틀었다.

2004년 11월. 강원 화천 민통선 구역 길가

멧토끼 산토끼, 토깽이, 토깨이 *Lepus coreanus*

2004년 10월, 경기 과천 서울대공원 동물원

토끼목 멧토끼과
먹이 풀, 어린 나뭇가지, 나뭇잎, 채소
수명 5년
몸길이 42~50cm
짝짓기 한 해 두세 번
새끼 2~4마리

앞발 발자국
6 x 4cm

뒷발 발자국
14~20 x 5cm

걸음 폭 30cm 안팎

앞발 뒷발 모두 발가락이 네 개씩 있고
발톱도 있지만, 발바닥이 털로 덮여
있어서 또렷하지 않다.

멧토끼는 귀가 유난히 크다. 큰 귀를 이리저리 돌려서 작은 소리도 잘 듣는다. 뒷발이 앞발보다 훨씬 크고 길어서 털뚝 터덜뚝 잘 뛴다. 낮은 산이나 풀이 우거진 곳에서 사는 흔한 산짐승이다. 정해진 집 없이 이리저리 옮겨 다니면서 지낸다. 날이 어두워지면 먹이를 찾아서 돌아다닌다. 풀이나 어린 나뭇잎, 나뭇가지, 나무껍질, 채소, 콩 같은 것을 먹는다. 쥐처럼 이빨이 줄곧 자라기 때문에 나무같이 단단한 것을 늘 갉아서 이빨을 닳게 만든다.

멧토끼가 투둑투둑 천천히 뛰어서
뒷발 발자국이 크게 찍혔다.

멧토끼 발자국 흔적

멧토끼 발자국은 겨울 눈밭에서 쉽게 볼 수 있다. 걷지 않고 뛰기 때문에 늘 네 발이 함께 찍힌다. 멧토끼는 뒷발이 앞발보다 훨씬 크다. 큰 뒷발 한 쌍이 앞에 찍히고, 앞발 한 쌍이 뒤쪽에 놓인다. 청설모 발자국이 멧토끼 발자국과 닮았는데, 청설모는 앞발 한 쌍이 옆으로 나란히 놓인다. 또 멧토끼 발자국이 더 크다. 걸음 폭이 30cm쯤 되는데, 놀라서 달아날 때는 4~5m까지 멀리 뛰기도 한다.

눈에 찍힌 멧토끼 발자국
뒷발 발자국이 무척 크다.

2005년 2월. 강원 양구 임당리 산자락

멧토끼가 빨리 뛰어갔다.
빨리 뛸 때는 발을 살짝 내딛기 때문에
뒷발 발자국이 작고 동그랗게 찍힌다.

2005년 2월. 경북 춘양 삼동산

동그랗고 납작한 멧토끼 똥
지름 10~15mm / 두께 4mm
2005년 1월. 강원 양구 지석리 산

멧토끼 똥

멧토끼 똥은 동그랗고 납작하다. 풀이나 나무껍질 같은 것만 먹어서 냄새도 안 나고 깨끗하다. 한 곳에 여러 알을 누기도 하고, 달리면서 한두 알씩 흘리기도 한다.
멧토끼는 처음 눈 똥은 바로 다시 주워 먹는다. 처음 눈 똥은 짙은 풀색인데, 싸자마자 바로 먹어 버리기 때문에 여간해서 보기 어렵다. 이 똥을 먹고 다시 누는 똥이 우리가 흔히 보는 누런 똥이다. 똥 겉에 나무껍질 부스러기 같은 것이 보이고, 거칠거칠하고 잘 부서진다. 새끼를 낳아 키우는 보금자리나 쉼터 가까이에는 똥을 누지 않는다.

멧토끼가 처음 눈 똥. 짙은 풀색이고 부드럽고 연하며 영양가가 많다.

2004년 11월. 강원 양구 오미리 산기슭

멧토끼가 싸리나무 껍질을 갉아 먹고 똥을 쌌다. 똥에 나무껍질 부스러기가 잔뜩 섞여 있다.

2005년 2월. 강원 양구 암당리 산자락

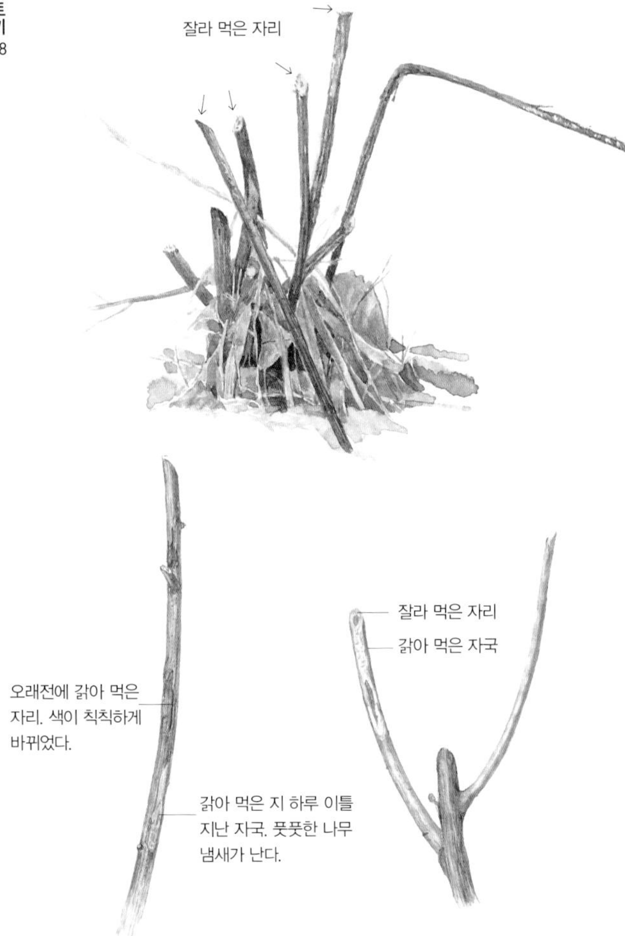
잘라 먹은 자리
잘라 먹은 자리
갉아 먹은 자국
오래전에 갉아 먹은 자리. 색이 칙칙하게 바뀌었다.
갉아 먹은 지 하루 이틀 지난 자국. 풋풋한 나무 냄새가 난다.

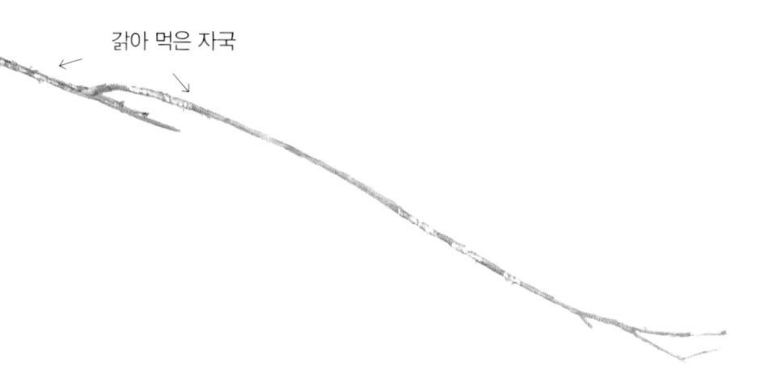

멧토끼가 싸리나무 껍질을 갉아
먹고 나뭇가지도 잘라 먹었다.

2005년 2월. 강원 양구 임당리 산자락

멧토끼가 먹은 자국

멧토끼는 풀이나 나뭇가지를 먹는다. 한자말로 '초식 동물'이라고 한다. 앞니가 크고 튼튼해서 풀이나 나뭇가지를 칼로 자른 듯이 말끔하게 잘라 먹는다. 땅에서 20~30cm 높이에 있는 나뭇가지를 비스듬히 날카롭게 잘라 먹는다. 겨울에는 나무껍질을 많이 갉아 먹는다. 잘 살피면 이빨 자국이 보인다.

멧토끼와 고라니 먹은 자국은 비슷해서 헷갈린다. 멧토끼는 칼로 벤 듯 깔끔하고, 고라니나 노루는 위턱에 앞니가 없어서 잇몸으로 문질러 뜯기 때문에 먹은 자리가 지저분하다. 키 큰 노루는 50~100cm 높이에 먹은 자국이 남고, 고라니는 30~50cm 높이에 자국이 남는다. 그 아래에 있는 것은 멧토끼 자국이다.

멧토끼 쉼터

멧토끼 쉼터. 앞은 트이고 둘레가
마른 풀로 촘촘하게 가려져 있다.

2005년 2월. 강원 양구 임당리 산자락

멧토끼가 사는 풀밭

멧토끼 쉼터

우리나라 멧토끼는 굴을 파지 않지만, 새끼를 칠 때는 가끔 땅속에 굴을 파기도 한다. 다른 짐승이 쓰던 굴을 쓰기도 한다. 새끼가 어지간히 자라면 굴을 버리고 여기저기 돌아다니면서 지낸다.
보금자리와 달리 쉼터는 나무숲이나 덤불이 우거진 곳을 잘 살펴보면 찾을 수 있다. 앞이 트이고, 위쪽과 양옆이 풀잎으로 여러 겹 싸여 잘 가려져 있다. 비가 안 새고 바닥은 조금 패어 있다. 쉼터는 천적에게 들키지만 않으면 오랫동안 쓴다. 또 보금자리나 쉼터는 멧토끼가 늘 다니는 길과 안 이어진다. 꾀 많은 멧토끼는 늘 다니는 오솔길에서 몇 발자국 멀리 뛰어 조심스레 쉼터로 들어간다.

멧토끼와 작은 짐승들이
지나다니는 조그만 오솔길이다.
폭이 20cm 남짓 된다.

2005년 1월. 강원 양구 오미리 산기슭

멧토끼가 다니는 길

멧토끼는 늘 다니던 길로만 조심스레 다니지 쉽사리 새로운 길을 찾으려고 하지 않는다. 자주 오고 가서 길이 잘 나 있고, 둘레에 멧토끼 똥도 많이 보인다. 눈이 온 날 멧토끼 발자국을 따라가 보면 얼마 가지 않아서 다시 처음 자리로 되돌아오는 것을 알 수 있다. 사람들이 이런 버릇을 알고 길목에 올무를 놓기도 한다.

멧토끼 올무

2005년 2월, 강원 양구 임당리 산자락

너구리 너우리, 넉다구리 *Nyctereutes procyonoides*

2004년 10월. 경기 과천 서울대공원 동물원

식육목 개과

먹이 쥐, 벌레, 개구리, 물고기, 새, 산열매

수명 8~10년

몸길이 60cm

짝짓기 2~3월

새끼 5~8마리

앞발 발자국
5.5 x 4.8cm

뒷발 발자국
5.3 x 3.7cm

걸음 폭 40~60cm

앞발 뒷발 모두 발가락이 네 개씩
찍히고 발톱도 또렷하게 찍힌다.
네 발가락이 발바닥 못을 중심으로
쫙 벌어진다. 발바닥 못은 산 모양이다.

너구리는 눈언저리가 까맣고 몸이 통통하다. 산이나 논밭이나 갈대밭에서 산다. 먹이를 찾아 마을에도 내려오고 도시에서도 산다. 하지만 밤에 돌아다니고 조그만 기척에도 숨어 버려서 보기 어렵다. 천적을 만나거나 위험을 느끼면 죽은 척하고 가만히 있다가 때를 봐서 재빨리 달아난다. 개과 무리 가운데 너구리만 겨울잠을 잔다. 겨울잠을 자다가도 날이 따뜻하면 밖으로 나와 물을 마시고 먹을 것을 찾기도 한다.

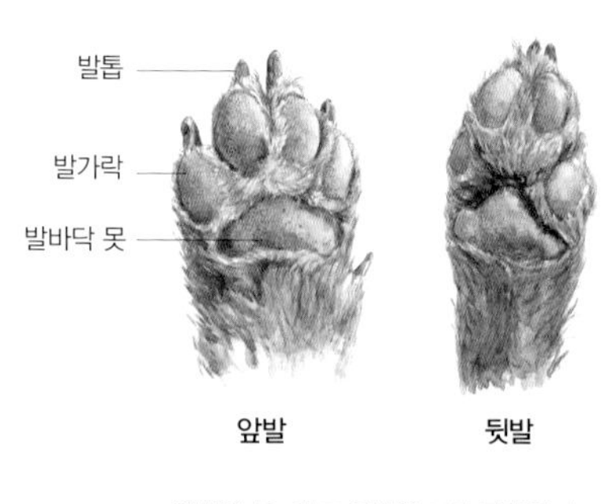

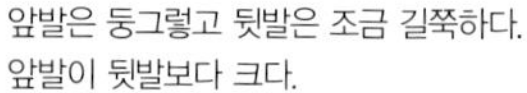
앞발은 둥그렇고 뒷발은 조금 길쭉하다.
앞발이 뒷발보다 크다.

너구리가 걸어간 자국

너구리 발자국 흔적

너구리 발자국은 흔하다. 산기슭에도 있고, 논밭이나 물가나 바닷가 모래밭에서도 볼 수 있다. 개 발자국과 똑 닮아서 발자국만 보고는 누구 발자국인지 가려내기 어렵다. 개 발자국은 보통 집 가까이에 많고, 사람 발자국과 같이 있을 때가 많다. 또 개는 까불거리면서 다니기 때문에 발자국이 삐뚤빼뚤하다. 너구리 발자국은 사람이 잘 다니지 않는 곳에 많고, 곧게 이어진다.

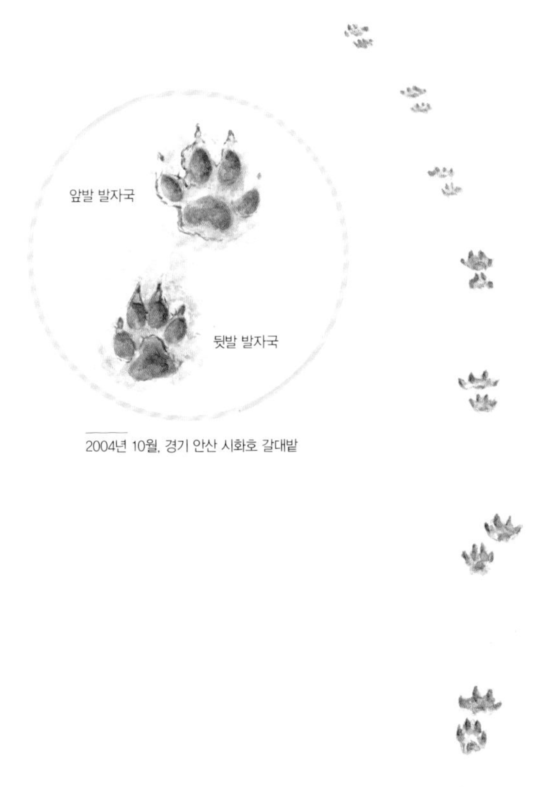

2004년 10월, 경기 안산 시화호 갈대밭

너구리가 천천히 걸어간 발사국이다.
앞발 뒤에 뒷발이 닿을 듯이 찍혔다.

2004년 11월, 강원 양구 수입천 모래밭

너구리가 잰걸음으로 총총총 걸어갔다. 네 발이 다 따로따로 찍혔다. 여러 마리가 다녔는지 둘레가 온통 너구리 발자국투성이었다. 걸음 폭 40~60cm

2004년 10월. 경기 안산 시화호 갈대밭

너구리가 다니는 길

너구리가 길가 풀숲에 낸 길이다. 사람이 잘 안 다니는 곳이어서 다른 짐승들도 마음 놓고 많이 지나다니는 것 같다. 바닥이 꽤 잘 다져져 있고, 풀 줄기가 꺽이고 휘어서 둥그런 지붕처럼 보인다. 가까이에 너구리 똥 무더기도 있었다.

2004년 11월, 강원 화천 민통선 구역

너구리 똥 무더기. 벼 낟알을 많이 먹어서 낟알 껍질만 남은 똥도 있고, 새나 쥐를 잡아먹었는지 털과 뼈가 잔뜩 들어 있는 똥도 있다.

2005년 4월. 경기 안산 시화호

너구리 똥

너구리는 이것저것 안 가리고 다 먹는 잡식성이다. 공원에서 쓰레기통을 뒤지기도 한다. 너구리는 똥을 늘 한자리에 누기 때문에 무더기로 쌓인다. 아래쪽에 있는 똥은 눈 지 오래되어 허옇게 바래고 푸석푸석하다. 위로 갈수록 촉촉하고 반들반들한 갓 눈 똥이다. 개똥과 닮았지만, 개똥과 달리 벼 낟알이나 풀씨가 섞여 나올 때가 많다. 마을에도 자주 내려와서 똥 속에 고춧가루 같은 음식물 찌꺼기도 나온다.

산 아래 길가 자갈밭에 싼 똥.
똥에 풀씨가 많이 들어 있다.
늦가을이라 먹을 것이 마땅치
않았는지 풀만 많이 먹은 것 같다.

2004년 11월. 강원 화천 민통선 구역

쥐를 잡아먹고 눈 똥.
똥 색깔이 까무잡잡하다.

2005년 4월. 경기 안산 시화호

새를 잡아먹고 눈 똥.
시간이 흘러 허옇게 바랬다.

2005년 4월. 경기 안산 시화호

똥이 황토로 되어 있다. 흙을
주워 먹은 것 같다. 처음에는 한
줄기 덩어리 똥이었는데, 시간이
지나면서 토막토막 갈라졌다.

2005년 4월. 경기 안산 시화호

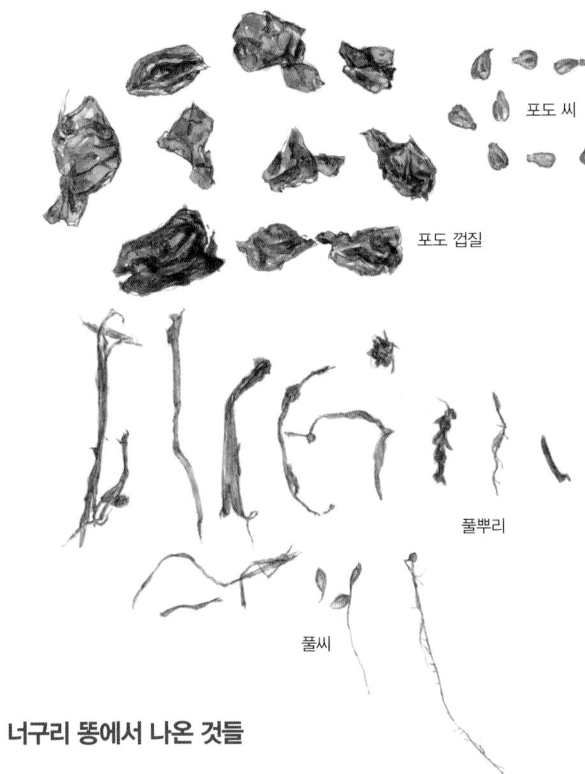

너구리 똥에서 나온 것들

너구리가 포도를 많이 먹고 눈 똥이다. 단단한 포도 씨와 포도 껍질까지 그대로 나왔다. 똥 무더기에서 멀지 않은 곳에 포도밭이 있었다. 포도뿐만 아니라 이것저것 먹었는지 곤충 껍질과 다리, 풀씨와 풀뿌리도 나왔다.

2004년 10월. 경기 안산 시화호

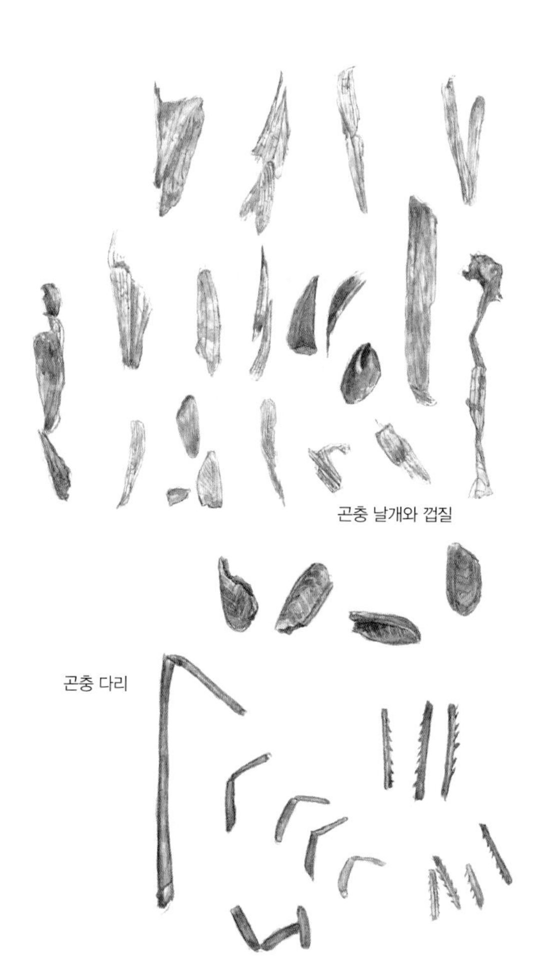
곤충 날개와 껍질
곤충 다리

늑대 이리, 말승냥이 *Canis lupus*

2002년 9월, 경기 양주 야생동물구조센터

식육목 개과
먹이 멧토끼, 노루, 멧돼지, 새
수명 10년
몸길이 100~120cm
짝짓기 1~2월
새끼 5~10마리

앞발 뒷발 발자국
9 x 7cm

걸음 폭 80cm

앞발 뒷발 모두 발가락이 네 개씩
찍히고 발톱도 또렷하게 찍힌다.
발바닥 못은 산 모양으로 찍힌다.
개는 지그재그로 장난 걸음이 많지만,
늑대 발자국은 늘 곧게 나 있다.

늑대는 개과 동물 가운데 몸집이 가장 크다. 개와 닮았는데, 주둥이가 길고 귀는 늘 곧추선다. 허리가 굵고 길며 다리도 길고 튼튼하다. 털은 누렇거나 잿빛이다. 꼬리 끝은 검다. 집에서 기르는 개 조상이다. 개는 꼬리를 위로 올리고 잘 흔들지만, 늑대는 꼬리가 발꿈치까지 닿고 아래로 축 늘어진다. 개처럼 안 짖고 '아 우'하고 길게 운다. 성질도 사납다. 전에는 산과 들에서 무리를 지어 살았다. 1970년대까지 강원도 삼척이나 경상북도 문경에 살았는데, 지금은 남녘에서 멸종된 것 같다. 북녘에서는 아직 살고 있다.

여우 여수, 여시, 야시, 여깨이 *Vulpes vulpes*

2004년 10월. 경기 과천 서울대공원 동물원

식육목 개과
먹이 쥐, 새, 벌레, 물고기, 산열매
수명 6년
몸길이 50~70cm
짝짓기 겨울
새끼 3~6마리

앞발 뒷발 발자국
7 x 5cm

걸음 폭 30cm
달릴 때 걸음 폭 70~80cm

개나 늑대 발자국과 닮았다.
가운데 발가락 두 개가 곧게 앞으로
놓여서 좀 더 날씬해 보인다. 걷거나
뛸 때는 늘 발자국이 한 줄로 곧게 난다.

여우는 개와 닮았는데, 조금 더 작고 몸매는 훨씬 날씬하다. 눈동자가 고양이처럼 세로로 긴 바늘 모양으로 줄어든다. 털은 붉은 밤색인데, 사는 곳에 따라 다르다. 꼬리털이 탐스럽다.
여우는 눈도 밝고 귀도 밝고 냄새도 잘 맡는다. 새벽이나 해질녘에 나와서 먹이를 찾는다. 새끼를 키울 때는 낮에도 사냥을 한다. 먹이를 쫓아서 멀리까지 가기도 한다. 쥐를 가장 좋아해서 하루에 15~20마리나 잡아먹는다. '갱갱'하고 운다. 우리나라에서는 멸종된 것으로 알려졌다. 중국이나 일본이나 유럽에서는 아직도 많이 살고 있다. 지금은 우리나라에서도 여우를 되살리려고 애쓰고 있다.

반달가슴곰 반달곰, 곰 *Ursus thibetanus*

2004년 6월, 경기 포천 국립수목원 산림동물원

식육목 곰과

먹이 도토리, 나뭇잎, 벌레, 물고기, 꿀

수명 30년

몸길이 120~180cm

짝짓기 여름

새끼 2마리

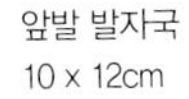

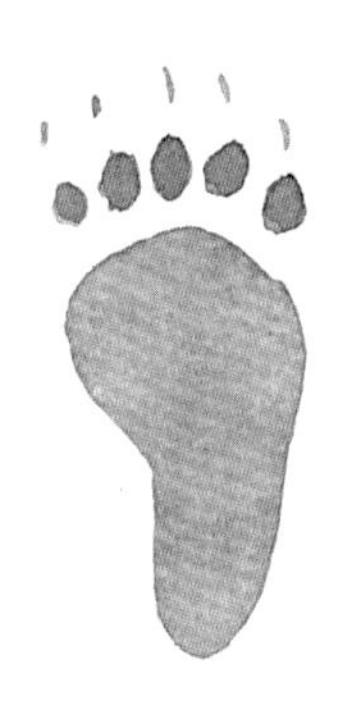

앞발 발자국
10 x 12cm

뒷발 발자국
15 x 11cm

앞발과 뒷발 모두 발가락이 다섯
개이고, 발톱이 또렷하게 찍힌다.
뒷발 발자국은 꼭 사람 발자국 같다.

반달가슴곰은 털색이 까맣고 앞가슴에 하얀 반달무늬가 있다. 몸집이 큰 산짐승이다. 지리산이나 설악산 같은 깊은 산에서 산다. 새벽이나 해질녘에 나와서 먹이를 찾아 멀리 돌아다닌다. 눈은 안 좋은데 귀는 아주 밝다. 나무와 바위 절벽에도 잘 오르고 4~5m쯤은 가뿐히 건너뛴다. 겨울에는 굴이나 속이 궁근 나무통에 들어가 겨울잠을 잔다.

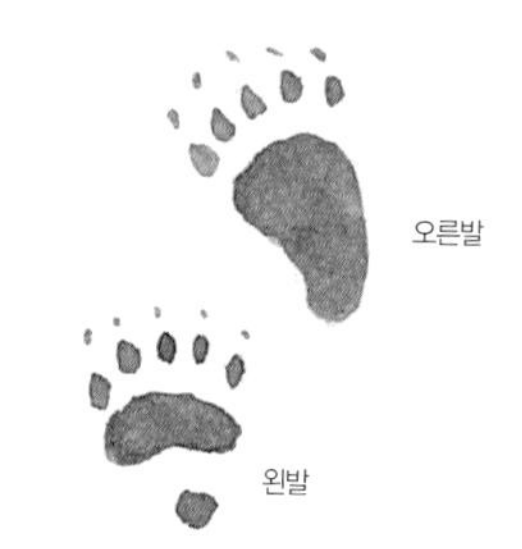

걸음 폭 50～60cm

곰 발자국

반달가슴곰은 몸집이 크고 무거워서 잘 뛰지 않고 주로 걷는다. 네 발로 걷기도 하고 두 발로 서서 걷기도 한다. 발바닥이 크고 두텁고 털이 거의 없다. 뒷발 발자국은 꼭 사람 발자국을 닮았다. 사람 발처럼 길쭉하며 앞이 넓고 뒤가 좁다. 앞발 발바닥은 앞부분만 찍혀서 뒷발보다 훨씬 짧아 보인다. 앞발 발자국은 오소리 발자국과 비슷하다. 사람처럼 뒷발 발바닥에 쏙 들어간 쪽이 안쪽이어서 왼발, 오른발을 가려낼 수 있다. 사람이 안짱걸음으로 걸을 때처럼 발자국이 안쪽으로 향한다.

똥

반달가슴곰은 이것저것 아무거나 다 먹는데 식물을 좀 더 많이 먹는다. 풀과 나뭇잎, 산열매를 즐겨 먹고 물고기, 가재, 새, 쥐 같은 작은 동물도 잡아먹는다. 배가 고프면 노루같이 큰 짐승도 잡아먹고 죽은 동물을 먹기도 한다. 벌꿀을 무척 좋아해서 마을까지 내려와 벌통을 뒤질 때도 있다. 반달가슴곰은 똥을 아주 푸지게 싼다. 생김새는 길고 뭉툭한데, 늘 양이 많아서 똥이 주저앉은 느낌이다. 묽은 똥은 꼭 소똥 같다. 잡식성이라 똥에 산딸기 씨나 버찌 씨, 도토리 껍질, 풀, 나무뿌리, 곤충 껍질, 짐승 털과 부스러기 같은 온갖 것이 다 들어 있다.

발톱 자국

반달가슴곰이 오르내린 나무에는 발톱 자국이 난다. 몸이 무거워서 발톱 자국이 나무에 깊이 파인다. 오를 때나 내려올 때나 머리를 위쪽에 두기 때문에 발톱 자국 방향은 늘 같다.

불곰 큰곰 *Ursus arctos*

2004년 6월. 경기 과천 서울대공원 동물원

식육목 곰과

먹이 풀, 산열매, 버섯, 벌레, 물고기, 쥐, 멧토끼

수명 25년

몸길이 110~220cm

짝짓기 여름

새끼 1~2마리

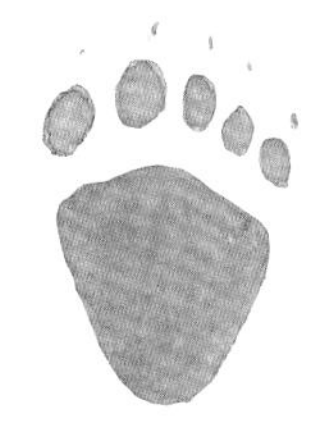

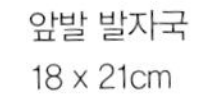

앞발 발자국
18 x 21cm

뒷발 발자국
30 x 17cm

걸음 폭 70~90cm

앞발과 뒷발 모두 발가락이
다섯 개이고, 발톱이 또렷하게 찍힌다.
덩치가 큰 만큼 발자국도 크다.

불곰은 털색이 밤빛이다. 반달가슴곰보다 더 크고 몸무게도 두 배나 더 무겁다. 산에서 많이 살지만, 탁 트인 고원이나 풀이 많은 들판에서도 산다. 철 따라 먹이를 찾아 멀리까지 옮겨 다닌다. 낮에는 한적한 그늘에서 자고, 서늘한 아침이나 저녁에 혼자 돌아다닌다. 두 발로 설 줄도 알고 헤엄도 잘 친다. 몸이 너무 무거워서 나무에는 잘 못 오른다. 굵은 나무줄기에 발톱 자국을 남겨서 자기 땅이라고 알린다. 추운 겨울에는 굴에 들어가 겨울잠을 자고 이듬해 3월에 깬다. 선잠을 자기 때문에 잘 깨고, 한번 깨면 더 이상 겨울잠을 안 잔다. 남녘에는 없고 북녘에만 산다.

족제비 쪽제비, 쪽지비, 족, 황가리 *Mustela sibirica*

2004년 10월. 경기 과천 서울대공원 동물원

식육목 족제비과
먹이 쥐, 새, 개구리, 물고기
수명 7~8년
몸길이 25~35cm
짝짓기 봄~여름
새끼 2~10마리

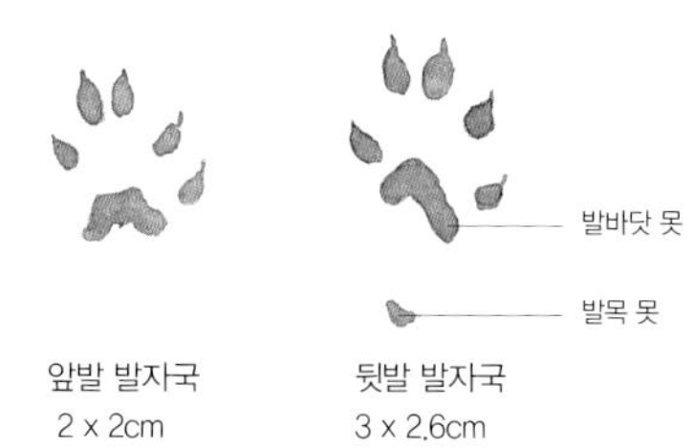

앞발과 뒷발 모두 발가락이 다섯 개씩 있다. 발가락이 벌어져 찍히고 발톱도 또렷하게 찍힌다.

족제비는 몸이 작고 길고 날렵하다. 다리는 짧고 꼬리는 길다. 털은 누렇거나 빛나는 귤색이고 무척 매끄럽다. 주둥이 둘레는 하얗다. 산에서 사는데 논둑이나 밭둑, 마을 가까이에도 내려온다. 더러 도시에서도 볼 수 있다. 족제비가 살면 둘레에 사는 쥐가 싹 사라질 만큼 쥐를 잘 잡는다. 마을에 내려와 닭을 물어 가기도 한다. 날이 저물 무렵 많이 돌아다닌다. 위험할 때는 똥구멍에서 고약한 냄새를 뿜고 달아난다. 굴이나 나무통, 나무뿌리 밑, 돌 틈 사이에 보금자리를 만든다. 겨울을 나려고 굴속에 먹이를 모아 두기도 한다.

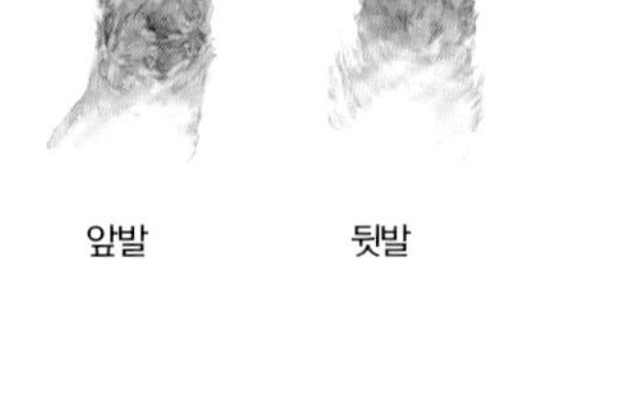

앞발 뒷발

족제비가 뛴 자국

족제비 발자국 흔적

족제비는 앞발이 뒷발보다 조금 작다. 발자국 모양은 동그란데, 뒷발은 발목 못이 찍히기도 해서 발자국이 좀 길쭉하게 보인다. 발바닥 못은 산처럼 생겼고 아래쪽이 움푹 파인다. 발가락과 발가락 못 사이가 꽤 떨어져 있다. 뒷발은 발바닥 못 뒤에 작은 발목 못이 점 모양으로 찍히기도 한다. 걸을 때 네 발이 어긋나게 앞뒤로 놓이고, 뛸 때는 나란히 앞발 앞에 놓인다.

눈이 얕게 쌓인 수로를 족제비가
뛰어갔다. 걸음 폭 30cm 안팎
뛸 때 최대 걸음 폭 120cm

2005년 1월. 강원 양구 방산리 수입천 수로

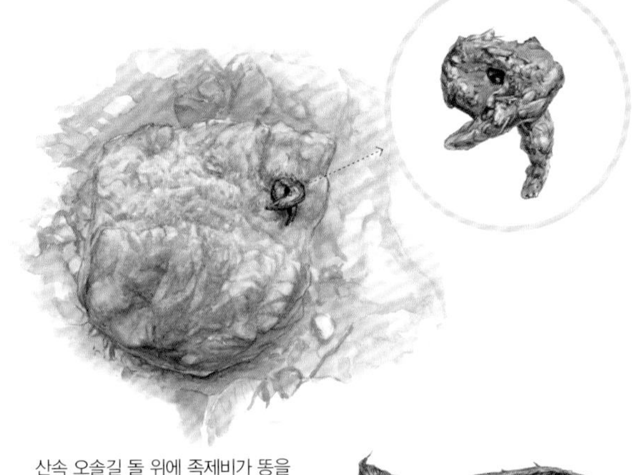

산속 오솔길 돌 위에 족제비가 똥을 싸 놓았다. 물이 많은 덩어리 똥이다.

2005년 4월. 강원 양구 수입천 둘레 산길

사람들이 지나다니는 길에 버젓이 싸 놓았다. 똥이 바싹 말랐고, 쥐 뼈가 드러나 보인다.

2005년 1월. 강원 양구 수입천 물가 갈대밭

족제비 똥

족제비 똥은 가늘고 길다. 똥이 꼬여 있고, 한쪽 끝이 뾰족하다. 빛깔은 거의 까맣다. 쥐를 많이 잡아먹기 때문에 똥에 쥐 털이나 뼈가 많이 들어 있다. 벌레 껍질이나 개구리, 물고기 뼈도 나온다. 먹이에 따라 길고 된 덩어리 똥, 설사 같은 물똥, 연한 덩어리 똥 들이 있고 냄새가 고약하다. 족제비는 똥 누는 곳이 따로 없다. 돌이나 바위나 쓰러진 나무처럼 잘 보이는 곳에 싸서 제 땅임을 알린다. 자주 다니는 오솔길에서도 볼 수 있다. 똥 길이는 5~7cm, 지름은 0.5~0.8cm이다.

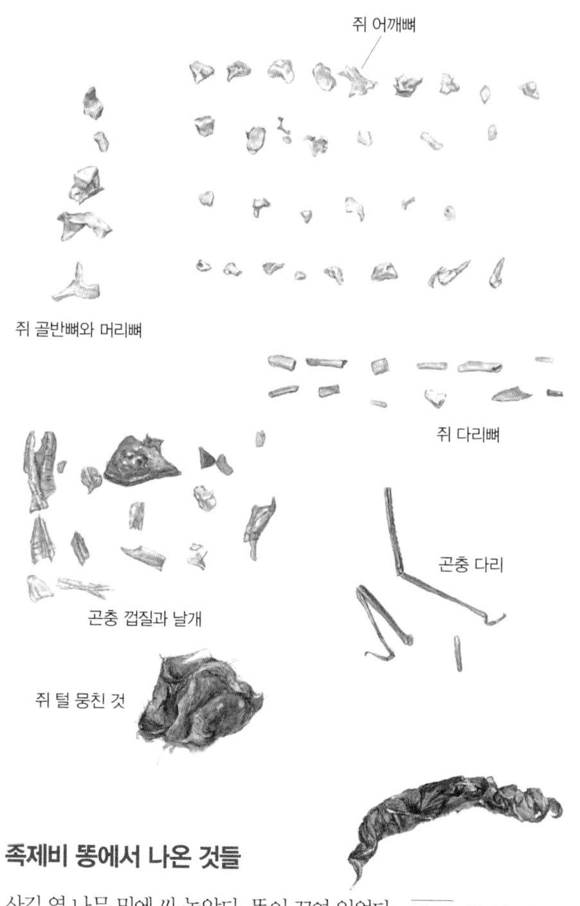

족제비 똥에서 나온 것들

산길 옆 나무 밑에 싸 놓았다. 똥이 꼬여 있었다. 2005년 12월. 경기 고양 북한산

무산흰족제비 쇠족제비, 무산쇠족제비 *Mustela nivalis*

식육목 족제비과
먹이 쥐, 새, 벌레
수명 모름
몸길이 15~17cm
짝짓기 봄
새끼 3~10마리

앞발 발자국
1.5 x 1cm

뒷발 발자국
2~3 x 1~1.5cm

앞발과 뒷발 모두 발가락이
다섯 개씩 있다. 발톱이 날카롭다.

백두산 가까운 무산 지방에 많이 살고 겨울에 털색이 하얗게 바뀐다고 '무산흰족제비'라는 이름이 붙었다. '쇠족제비'라고도 한다. 족제비와 닮았는데 크기가 퍽 작다. 몸길이가 15cm 밖에 안 된다. 여름에는 털색이 잿빛 밤색이다가 겨울이면 새하얗게 바뀐다. 족제비와 달리 꼬리가 짧고 끝이 뾰족하다. 몸통이 가늘고 길며, 네 발도 짧고 작다.
무산흰족제비는 산기슭 풀밭이나 돌무더기 속에서 산다. 마을 가까운 곳에 내려와 살기도 한다. 굴은 직접 안 파고 쥐 굴을 빼앗아 쓰거나 나무 밑이나 돌 틈에 산다. 보금자리에는 마른 풀이나 털을 깔아 놓는다.
무산흰족제비는 머리가 작고 허리가 가늘어서 쥐구멍에 쏙 들어간다. 한 해에 쥐를 2~3천 마리나 잡아먹는다. 겨울에 먹으려고 먹이를 모아 두기도 한다.

무산흰족제비가 눈 밑으로 다니다가
구멍을 뚫고 밖으로 나왔다.

2005년 2월, 경북 춘양 삼동산 고랭지 채소밭

무산흰족제비 발자국 흔적

무산흰족제비는 발자국이 무척 작아서 꼭 쥐 발자국처럼 보이기도 한다. 쥐와 달리 발바닥에 털이 많아서 발가락과 발바닥 못이 또렷하게 안 찍힌다. 앞발 발자국이 뒷발 발자국보다 조금 작다.
발자국은 늘 곧게 이어진다. 워낙 몸이 작아서 눈이 15cm 넘게 쌓이면 눈 밑으로 더 많이 다닌다. 쥐를 쫓을 때도 눈 밑으로 들어갔다 나왔다 하면서 눈 구멍에서 이어진 발자국을 많이 남긴다. 구멍 지름은 2~4cm이고 구멍 가장자리가 매끈하다. 몸이 가벼워서 발자국이 눈 위에 살짝 찍힌다.

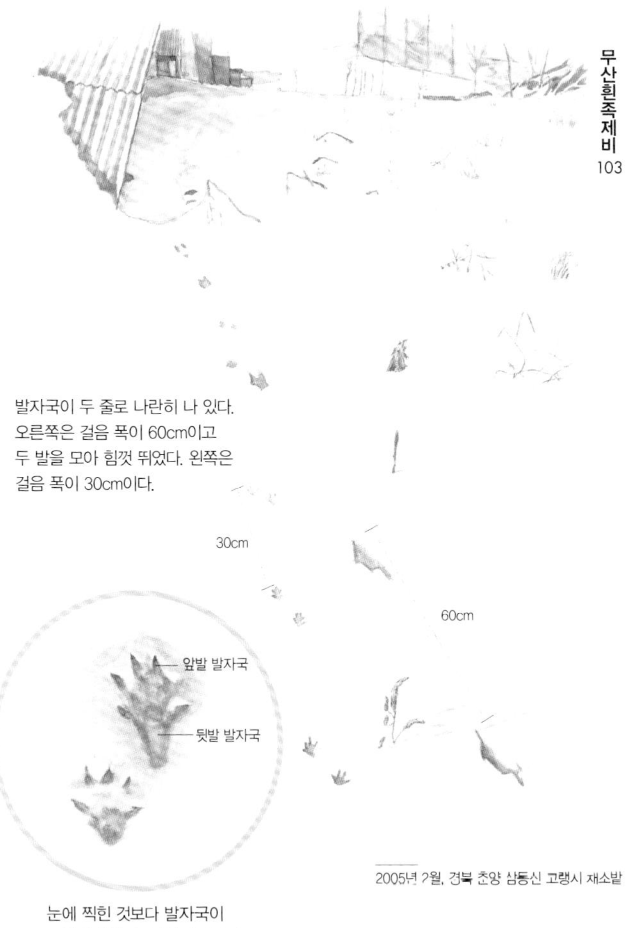

2005년 2월, 경북 춘양 삼동산 고랭지 채소밭

눈에 찍힌 것보다 발자국이
또렷하지 않다. 쥐 발자국보다
1.5~2배 크다. 걸음 폭 6~8cm
뛸 때 걸음 폭 20~60cm

수달 수달피, 수피, 물개 *Lutra lutra*

2003년 9월, 대전동물원

식육목 족제비과
먹이 물고기, 게, 새우, 개구리, 물새
수명 3~5년
몸길이 70~80cm
짝짓기 봄
새끼 3~10마리

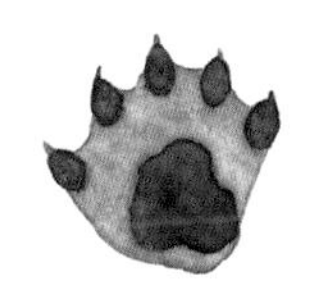
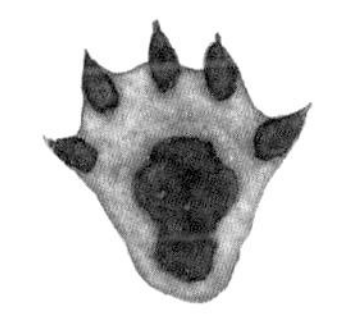

앞발 발자국
6 x 5cm

뒷발 발자국
7 x 6cm

걸음 폭 30cm 안팎

발가락이 다섯 개이고 발톱도 찍힌다.
발가락 사이에 물갈퀴가 있는데,
발자국에는 잘 안 찍힌다.

수달은 깊은 산부터 바닷가까지 물줄기를 따라 산다. 헤엄을 아주 잘 친다. 발에는 물갈퀴가 있고, 굵고 긴 꼬리로 헤엄칠 때 방향을 잡는다. 몸이 길고 미끈하고 털은 물기가 잘 빠진다. 물속에서는 날래지만, 다리가 짧아서 물 밖으로 나오면 뒤뚱거린다. 날이 어두워지면 먹이를 잡으러 나온다. 물고기를 가장 많이 먹고 가재나 새우도 좋아한다. 물가 바위틈이나 나무 밑동에 있는 굴을 보금자리로 삼는다. 혼자 살거나 식구끼리 모여 산다. 지금은 수가 많이 줄어서 천연기념물로 정해 보호하고 있다.

모래밭에 수달 꼬리가 끌린
자국이 S자 모양으로 나 있다.
꼬리 자국 옆에 발자국도 보인다.

2004년 11월. 강원 양구 수입천

수달 발자국 흔적

수달 발자국은 냇가나 강가 모래밭에서 찾을 수 있다. 발가락 다섯 개가 조금 벌어져서 찍힌다. 발자국 생김새는 동그랗고, 뒷발 발자국이 앞발 발자국보다 크다. 걸을 때는 앞발과 뒷발이 떨어져 놓이기도 하고 겹치기도 한다. 뛸 때는 뒷발 한 쌍이 앞발 앞에 가지런히 놓여서 네 발이 한 묶음을 이룬다. 물 밖에 오래 나와 있지 않아서 발자국은 길게 안 이어지고 물가에서 끝난다.
수달은 꼬리가 길어서 땅 위를 걷다 보면 땅에 질질 끌려 자국을 남긴다. 그래서 수달 발자국에는 꼬리가 끌린 흔적이 함께 보인다. 몸이 길고 좌우로 뒤뚱거리며 걷기 때문에 꼬리 끌린 자국이 S자 꼴로 생긴다.

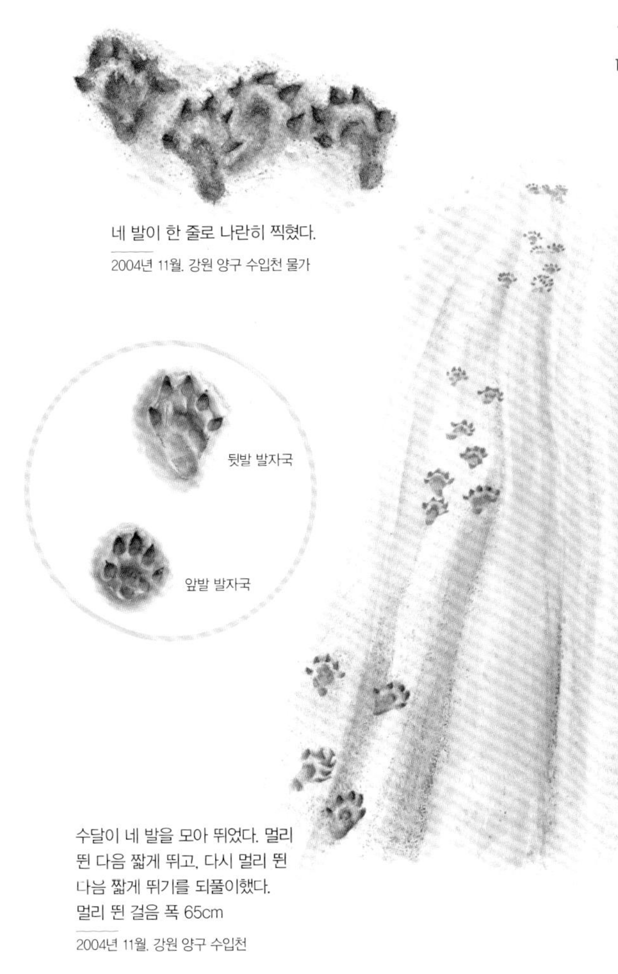

네 발이 한 줄로 나란히 찍혔다.

2004년 11월. 강원 양구 수입천 물가

수달이 네 발을 모아 뛰었다. 멀리 뛴 다음 짧게 뛰고, 다시 멀리 뛴 다음 짧게 뛰기를 되풀이했다.
멀리 뛴 걸음 폭 65cm

2004년 11월. 강원 양구 수입천

물기가 빠져서 물고기 가시와
뼈가 삐죽삐죽 드러나 있다.

2004년 11월. 강원 양구 수입천

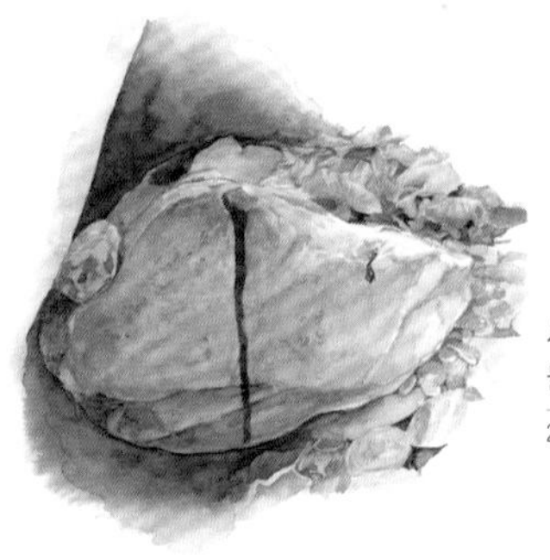

새까맣고 끈끈한
물똥을 싸기도 한다.

2004년 11월. 강원 양양 턱골

수달 똥

수달 똥은 찾기 쉽다. 제 땅임을 알리려고 눈에 잘 띄는 물가 바위에 누기 때문이다. 수달 똥은 조금 묽은 덩어리 똥이다. 한쪽 끝은 뭉툭하고 다른 쪽 끝은 뾰족하다. 물기가 빠지면 물고기 뼈나 가시가 더 또렷하게 드러나서 무척 거칠어 보인다. 물고기를 잡아먹기 때문에 똥에서는 비린내가 난다. 똥 색깔은 처음에는 검은색에 가까운 짙푸른 색이다가 차츰 희끄무레하게 바랜다. 똥에는 물고기 가시와 뼈, 눈알, 비늘 따위가 잔뜩 들어 있다.

수달은 눈에 잘 띄는
바위 위에 똥을 눈다.

2004년 12월, 강원 양구 수입천 물가

바위뿐만 아니라 모래 위에
똥을 누기도 한다. 모래를
볼록하게 쌓은 뒤 그 위에
보란 듯이 똥을 싸 놓았다.

2004년 12월, 강원 양구 수입천 물가

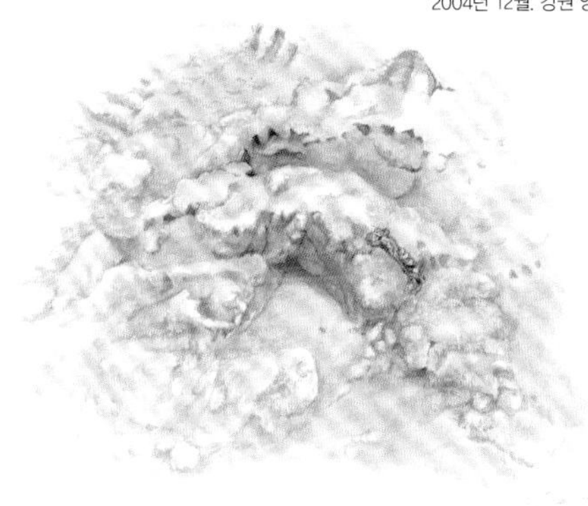

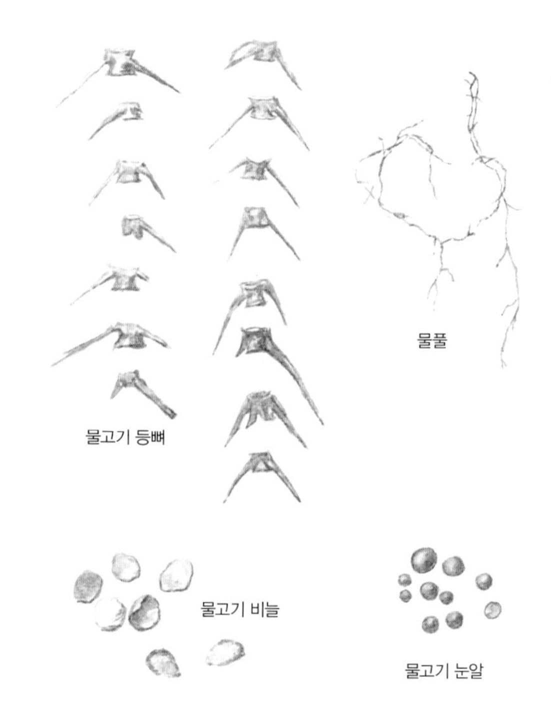

수달 똥에서 나온 것들

수달은 물고기 사냥꾼이라고 할 만큼 물고기를 많이 잡아먹는다. 그래서 수달 똥에서는 물고기 가시나 뼈나 비늘이 셀 수 없이 많이 나온다.

2004년 12월. 강원 양구 수입천 물가

물고기 머리뼈, 지느러미뼈, 꼬리뼈

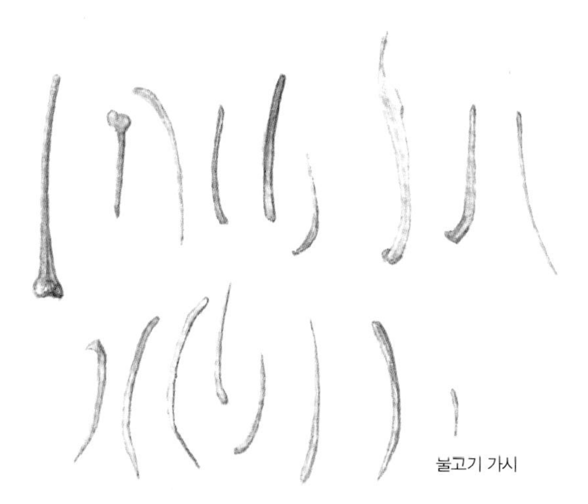

물고기 가시

노란목도리담비 담비, 제담부 *Martes flavigula*

2003년 11월, 경기 과천 서울대공원 동물원

식육목 족제비과

먹이 쥐, 다람쥐, 멧돼지 새끼, 새알, 산열매

수명 10년

몸길이 60~67cm

짝짓기 6~7월

새끼 2~4마리

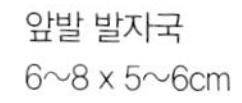

앞발 발자국
6~8 x 5~6cm

뒷발 발자국
6~8 x 5~6cm

걸음 폭 60~80cm
뛸 때 걸음 폭 1m

발가락이 다섯 개이고 발톱도 찍힌다.
앞발은 발가락이 벌어져 찍히고 뒷발은
엄지발자락을 뺀 나머지 네 발가락이
거의 붙어 있는 것처럼 찍힌다.

목 아래쪽 앞가슴이 마치 노란 목도리를 두른 것 같다고 '노란목도리담비'다. 아래턱은 하얗다. 몸이 길고 날씬하며 꼬리도 길다. 나무가 우거진 산에서 사는데, 산기슭이나 물가에서 자주 보인다. 발톱이 날카롭고 휘어 있어서 나무를 잘 탄다. 땅에도 곧잘 내려와 먹이를 잡는다. 눈이 좋고 귀도 밝고 움직임이 조심스럽다. 낮에 나와 돌아다니며 쥐를 많이 잡아먹는다. 끈질기고 성질이 사나워서 제 몸보다 큰 먹이를 멀리까지 쫓아가서 잡기도 한다. 큰 짐승은 두 마리가 함께 공격해서 잡는다. 암수가 한번 만나면 여러 해 동안 함께 산다.

오소리 땅곰, 오수리, 오시리 *Meles meles*

2004년 10월, 경기 과천 서울대공원 동물원

식육목 족제비과

먹이 쥐, 개구리, 뱀, 벌레, 산열매, 버섯

수명 6~12년

몸길이 60~90cm

짝짓기 10월

새끼 2~8마리

앞발 발자국
6.5 x 5cm

뒷발 발자국
6.5 x 5cm

걸음 폭 30~40cm

앞발과 뒷발 모두 발가락이
다섯 개이다. 앞발 발톱이 유난히
길고 커서 뚜렷하게 찍힌다.

오소리는 몸이 통통하고, 다리가 굵고 짧다. 강원도에서는 '땅곰'이라고 한다. 까만 얼굴에 하얀 줄이 세 줄 뒤로 뻗는다. 족제비 무리 가운데 가장 크다. 마을에서 그리 멀지 않은 산속에서 산다. 자기보다 큰 동물에게도 사납게 덤비는데 한번 물면 놓지 않는다. 죽은 시늉도 잘 한다. 낮에는 굴에서 자고 밤이면 먹이를 찾아 돌아다니다가 새벽에 굴로 돌아온다. 이것저것 가리지 않고 먹는 잡식성이다. 날이 추워지면 굴속에 들어가 겨울잠을 잔다. 따뜻한 날에는 굴 밖으로 나와 물도 마시고 사냥도 한다.

닮은 발자국

불곰 발자국

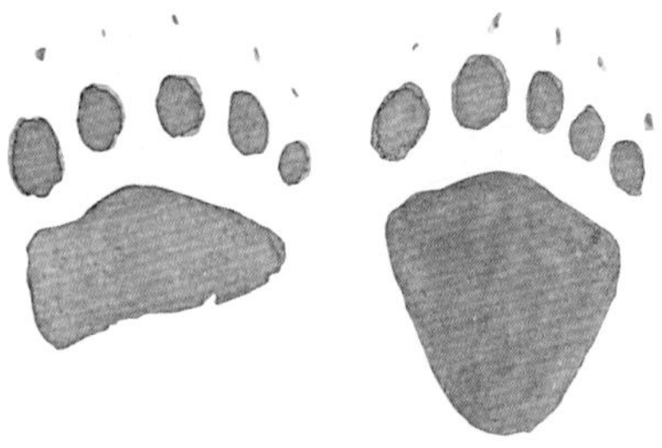

오소리 발자국

오소리 발자국은 곰 앞발 발자국과 비슷하다. 발가락이 발바닥 못 바로 앞에 거의 한 줄로 놓이고 발바닥 못도 또렷하게 찍힌다. 뒷발 발자국이 앞발 발자국보다 조금 더 크게 찍힌다. 오소리는 몸이 무겁고 다리가 짧아서 빨리 뛰거나 높이 뛰어오르지 못한다.

똥

오소리 똥은 다른 족제비과 동물 똥과 달리 거의 꼬이지 않고 미끈한 원통같이 생겼다. 똥이 굵고 양 끝이 다 뭉툭하다. 이것저것 가리지 않고 먹기 때문에 똥에서 온갖 것이 다 나온다. 풀과 곡식, 산열매, 벌레 껍질, 짐승 털과 뼈 따위가 고루 들어 있다. 똥은 지름 4cm, 길이 10cm를 넘는 것이 많다.
오소리는 깔끔해서 똥 굴이 따로 있다. 굴 옆에 10cm 깊이로 자그마한 구덩이를 따로 파서 뒷간을 만든다. 똥 굴에 똥이 가득 차면 그 옆에 새로 판다.

굴

오소리는 굴을 아주 잘 판다. 평생 굴을 파기 때문에 굴이 깊고 길며, 입구도 여러 개다. 방도 여러 개이고, 크고 작은 창고가 이어져 있다. 굴 밖으로는 굴을 파면서 끌어낸 흙이 50cm 넘게 수북이 쌓여 있을 때도 있다. 굴 속에는 마른 풀을 두텁게 깔아 놓는데, 부지런한 오소리는 따뜻한 날을 골라 축축해진 깔개 풀을 내다 말리기도 한다. 오소리 굴은 늘 깨끗하고 냄새도 거의 안 난다. 너구리나 여우나 늑대가 오소리 굴을 빼앗아 자기 굴로 쓰기도 한다.

삵 살쾡이, 살가지, 살개이, 살기 *Felis bengalensis*

2004년 9월, 경기 과천 서울대공원 동물원

식육목 고양이과

먹이 쥐, 멧토끼, 고라니 새끼, 새, 벌레

수명 12년

몸길이 50~65cm

짝짓기 겨울

새끼 2~4마리

발자국
4 x 4cm

발가락이 네 개씩 찍히고 발톱은 안 찍힌다. 앞발과 뒷발 발자국이 거의 같다.

삵은 흔히 '살쾡이'라고 한다. 고양이와 닮았지만, 더 크고 사납다. 이마에 하얀 줄무늬가 두 줄 나 있다. 산속 덤불숲에서 사는데, 숨을 만한 곳이 있으면 마을 가까이에도 곧잘 내려온다. 어두운 밤에 나와서 사냥을 한다. 쥐를 가장 많이 잡아먹는다. 멧토끼나 고라니 새끼나 꿩도 잡아먹고, 마을에 내려와서 닭을 물어 가기도 한다. 위험을 느끼면 나무에 올라가 몸을 숨긴다. 늘 홀로 지내다가 짝짓기 철에는 암컷과 수컷이 함께 다닌다. 덤불숲이나 나무뿌리나 돌 틈을 보금자리로 쓴다. 고양이는 물을 싫어하지만 삵은 헤엄도 곧잘 친다. 또 고양이는 똥을 눈 뒤에 흙으로 덮지만, 삵은 눈에 잘 띄는 곳에 눈다.

삵이 눈밭을 뛰어갔다.
네 발이 모여 찍혀 있다.
2005년 1월. 충남 천수만 수로

삵 발자국 흔적

삵 발자국은 고양이와 똑같다. 발자국만 보고 삵인지 고양이인지 알기는 어렵다. 마을 둘레에는 거의 고양이 발자국이고, 마을과 꽤 떨어진 산자락이나 산속에 찍힌 발자국은 삵 발자국이기 쉽다. 발자국은 동그랗다. 삵이나 호랑이 같은 고양이과 짐승은 모두 날카로운 발톱이 있지만, 걸을 때는 발톱을 감추고 있어서 발자국에 발톱이 안 찍힌다.
발자국은 한 줄로 쭉 이어진다. 앞발을 디딘 자리에 뒷발을 그대로 다시 밟거나 좀 더 앞쪽을 디디며 걷는다. 뛸 때는 네 발이 한 묶음인데 뒷발 한 쌍이 앞발 한 쌍 앞에 놓인다.

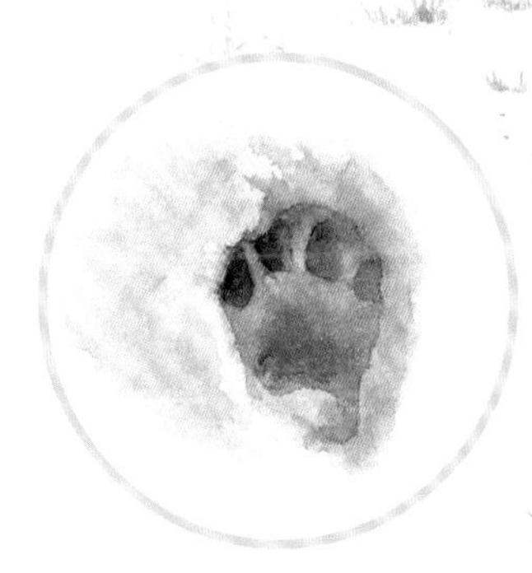

눈밭에 찍힌 삵 발자국

삵이 걸어간 자국

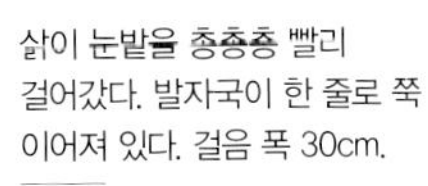

삵이 눈밭을 총총총 빨리 걸어갔다. 발자국이 한 줄로 쭉 이어져 있다. 걸음 폭 30cm.

2005년 1월. 강원 양구 원당리 산기슭

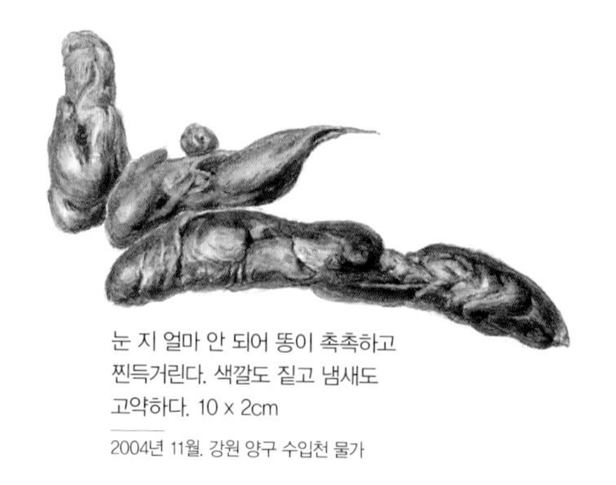

눈 지 얼마 안 되어 똥이 촉촉하고
찐득거린다. 색깔도 짙고 냄새도
고약하다. 10 x 2cm

2004년 11월. 강원 양구 수입천 물가

삵 똥

산길을 가다 보면 삵 똥을 더러 볼 수 있다. 자기 땅을 알리려고 제가 잘 다니는 오솔길이나 툭 튀어나온 바위 같은 곳에 똥을 싸 놓기 때문이다.
삵 똥은 소시지처럼 생긴 길쭉한 덩어리 똥이다. 한쪽 끝은 뭉툭하고 다른 한쪽 끝은 뾰족하다. 서너 토막이 이어져 있는데, 긴 것은 길이가 15cm를 넘기도 한다. 긴 똥은 시간이 지나면서 서너 토막으로 끊어진다. 삵은 쥐나 새를 많이 잡아먹는다. 그래서 삵 똥에는 털이나 이빨, 뼈 같은 것이 많이 들어 있다.

이 똥도 구린내가 많이 났다.
눈 지 그리 오래되지 않았다.

2004년 11월, 강원 화천 민통선 구역 산

똥이 많이 말랐다. 색깔도 밝은
잿빛으로 바랬고 구린내도
덜하다. 그늘에 있어서 똥에 푸른
이끼까지 끼었다.

2005년 1월, 강원 양구 지석리 산

새를 잡아먹고 눈 똥이다. 시간이
지나면서 물기가 다 빠지고
새 털과 뼈만 남았다.

2005년 4월, 경기 파주출판단지

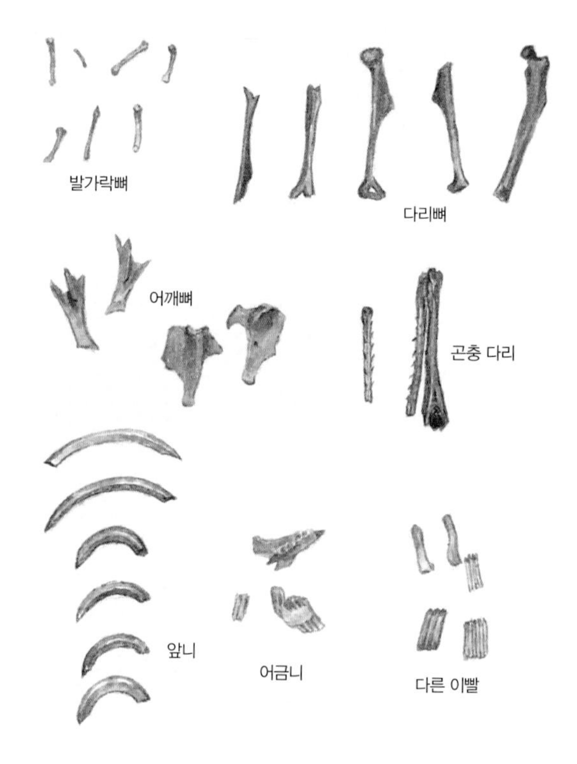

삵 똥에서 나온 것들

삵이 쥐를 잡아먹고 싼 똥에서 나온 것들이다. 뼈와 털과 이빨처럼 소화가 안 되는 것만 남았다. 곤충 다리도 나왔다.

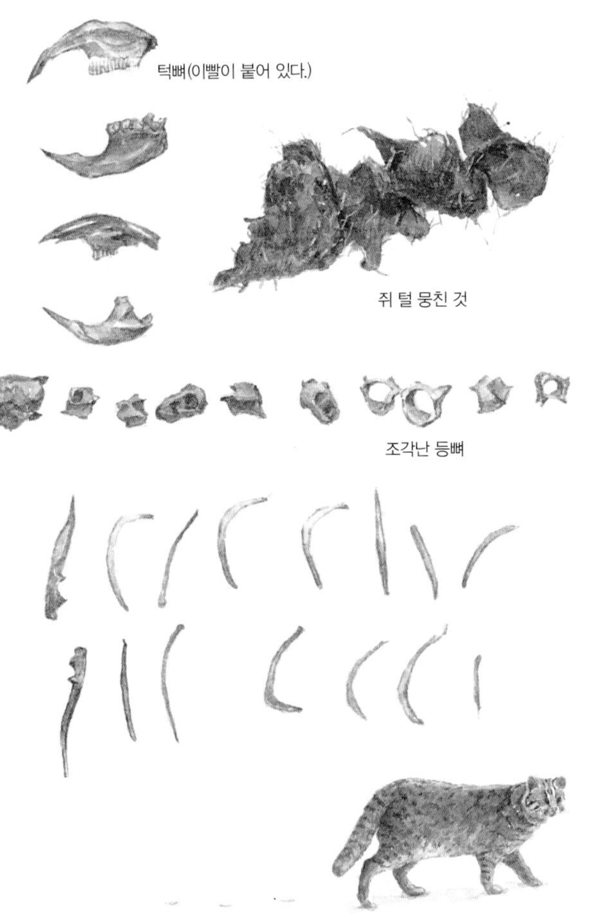
턱뼈(이빨이 붙어 있다.)
쥐 털 뭉친 것
조각난 등뼈

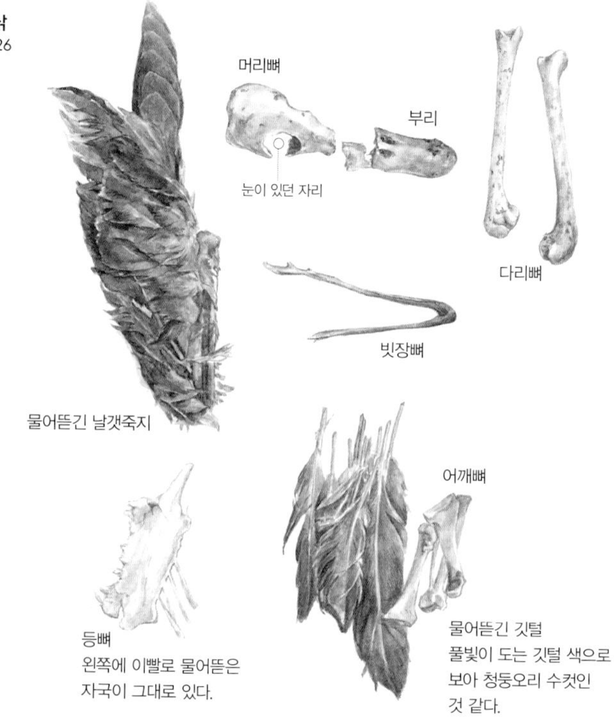

삵이 잡아먹은 흔적

삵은 쥐나 새를 많이 잡아먹는다. 쥐는 작아서 아무 것도 남기지 않고 다 먹어 치운다. 가끔 마을 가까이 내려와서 닭이나 오리를 잡아먹는다. 들이나 산을 다니다 보면 삵이 잡아먹고 남긴 것으로 보이는 깃털이나 뼈 같은 것을 보게 된다.

2005년 3월, 경기 파주출판단지

삵이 다니는 길

삵이 자주 오르내려서 비탈에 길이 났다.
길 앞쪽에 똥도 싸 놓았다.

2005년 4월. 경기 파주출판도시

스라소니 머저리범, 시라소니 *Felis lynx*

2004년 4월, 경기 과천 서울대공원 동물원

식육목 고양이과

먹이 멧토끼, 노루, 고라니, 멧돼지, 새, 물고기

수명 15~20년

몸길이 1m 안팎

짝짓기 2~3월

새끼 2~3마리

앞발 발자국 6.5 x 5.5cm

걸음 폭 80cm
뛸 때 걸음 폭 100~150cm
멀리 뛸 때 걸음 폭 7m

발가락이 네 개씩 찍히고 발톱은
안 찍힌다. 뒷발 발자국이 더 크다.
가운데 두 발가락은 서로 모이고, 양 옆
두 발가락은 조금 벌어져서 찍힌다.
발바닥 못은 산 모양이다.

스라소니는 삵보다 훨씬 크고 호랑이보다는 훨씬 작다. 얼굴은 고양이처럼 생겼고 귀 끝에 검고 긴 털이 쫑긋 솟아 있다. 몸빛은 연한 밤색이고, 짙은 밤색 반점이 있다. 꼬리는 짧고 끝이 뭉툭하고 까맣다.
스라소니는 무리를 안 짓고 혼자 산다. 나무를 가볍게 잘 타고 달리기도 잘한다. 겨울에는 발바닥에 긴 털이 덮여서 눈밭이나 얼음판에서도 사냥을 잘한다. 낮에는 바위틈이나 나무통에 들어가 쉬고, 밤에 나와서 사냥을 한다. 덩치는 크지만 큰 먹이를 사냥하지 않는다. 멧토끼를 가장 많이 잡고 노루나 고라니, 멧돼지 새끼 따위를 잡아먹는다. 평안북도 자강도, 양강도, 백두산 높은 곳에 많이 살았는데, 지금은 수가 많이 줄었다. 남녘에는 안 산다.

표범 얼룩호래이, 돈점배기, 포범, 측범 *Panthera pardus*

2003년 9월. 대전동물원

식육목 고양이과

먹이 사슴, 고라니, 멧돼지, 멧토끼, 족제비, 쥐

수명 15년

몸길이 100~120cm

짝짓기 겨울

새끼 2~3마리

발자국 9 x 7cm

걸음 폭 60cm
뛰어오를 때 걸음 폭 6m

발가락이 네 개씩 찍히고 발톱은
안 찍힌다. 네 발가락 크기가 비슷하고
발바닥 못 아래쪽은 가운데가 깊이
파인다. 앞발과 뒷발 크기가 비슷하다.

표범은 호랑이보다 작다. 온몸에 동글동글한 엽전처럼 생긴 까만 무늬가 또렷하다. 늘 혼자 다닌다. 낮에는 나무 위나 바위틈에서 자고 해거름이나 새벽에 먹이를 찾아다닌다. 자주 다니는 길에 오줌을 눠서 제 땅이라고 알린다. 먹이를 찾아서 슬슬 걷다가 먹잇감이 눈에 띄면 순식간에 달려가서 잡는다. 나무 위에 있다가 아래로 뛰어내리면서 덮치기도 하고, 풀숲에 숨어 있다가 뛰어오르면서 잡기도 한다. 힘이 아주 세서 제 몸보다 큰 동물도 입으로 물어서 나무 위로 끌어올린다. 먹고 남으면 나뭇가지에 걸쳐 두었다가 나중에 먹는다. 예전에는 북녘 묘향산이나 남녘 지리산같이 깊고 큰 산에 살았지만 지금은 거의 사라져서 멸종 위기에 놓였다.

호랑이 범, 호랭이, 호래이 *Panthera tigris*

2004년 5월. 경기 포천 국립수목원 산림동물원

식육목 고양이과

먹이 누렁이, 멧돼지, 노루, 고라니

수명 25년

몸길이 160~290cm

짝짓기 1~3월

새끼 1~5마리

앞발 발자국 15 x 15cm

걸음 폭 55~75cm
빨리 걸을 때 걸음 폭 80~100m

발가락이 네 개씩 찍히고 발톱은 안 찍힌다. 발바닥 못은 세모꼴이다. 뒷발보다 앞발이 훨씬 크다. 또 수컷 발자국이 암컷보다 훨씬 크다.

호랑이는 우리나라에서 가장 힘세고 사나운 맹수다. '범'이라고도 한다. 온몸은 황금빛이고 까만 줄무늬가 나 있다. 이마에 있는 줄무늬는 임금 왕(王)자 같다. 한번 '따웅' 하고 울면 온 산이 울릴 정도다. 마을에서 멀리 떨어진 깊고 큰 산에 산다. 늘 혼자 지내면서 밤에 멧돼지나 누렁이, 노루, 고라니 같은 큰 짐승을 잡아먹는다. 숨어 있다가 갑자기 덮치기도 하고, 살금살금 뒤따르다 덮치기도 한다. 목이나 잔등을 물거나 앞발로 후려쳐 넘어뜨려 잡는다. 먹이를 잡으면 편안한 곳으로 끌고 가서 천천히 뜯어 먹는다. 먹은 뒤에는 꼭 물을 마시고 피 묻은 주둥이를 깨끗이 씻는다. 한 해에 멧돼지를 서른 마리쯤 잡아먹는다. 조선 시대에는 서울 경복궁까지 넘나들었지만 지금은 남녘에서 사라진 지 오래다. 북녘에서도 함경북도와 자강도에 5~10마리쯤 밖에 없다.

멧돼지 산돼지, 멧대지, 멧도야지, 멧돗 *Sus scrofa*

2004년 7월. 경기 양평 멧돼지 농장

소목 멧돼지과
먹이 도토리, 나무뿌리, 옥수수, 감자, 뱀
수명 10년
몸길이 100~150cm
짝짓기 겨울
새끼 4~6마리

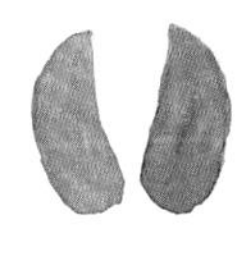

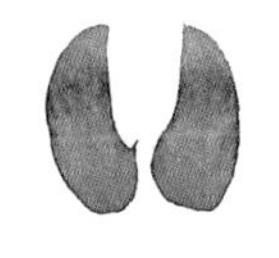

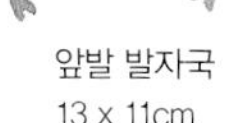

앞발 발자국
13 x 11cm

뒷발 발자국
13 x 11cm

걸음 폭 40cm 안팎
펄쩍 뛸 때 걸음 폭 100m

큰 발굽 밑에 작은 발굽이 늘 찍힌다.
새끼 멧돼지는 작은 발굽이 안 찍힌다.

멧돼지는 돼지와 닮았는데 몸집이 더 크고 힘도 더 세다. 머리가 커서 몸길이에 3분의 1을 차지한다. 주둥이도 길다. 수컷은 긴 송곳니가 입 밖으로 삐죽 솟는다. 목이 굵고 짧아서 머리를 잘 돌리지 못한다.

멧돼지는 참나무 숲이나 우거진 덤불숲에서 산다. 수컷은 짝짓기 때가 아니면 혼자 살고, 암컷은 새끼들과 함께 다닌다. 한곳에만 머무르지 않고 먹이를 찾아 여기저기 돌아다닌다. 나무 열매와 풀, 쥐나 뱀 따위를 가리지 않고 먹는다. 산에 먹을 것이 없으면 마을로 내려와 밭을 엉망으로 만들어 놓기도 한다. 추위는 잘 견디지만 더위는 못 참아서 한여름에는 서늘한 골짜기를 찾아 진흙 목욕을 한다. 성질이 사나워서 성이 나면 사람에게도 달려든다.

멧돼지가 걸어간 자국.
앞발 위에 뒷발이 겹쳐 찍힌다.

멧돼지 발자국 흔적

멧돼지는 고라니나 산양처럼 발굽으로 걷는다. 덩치가 크고 몸무게도 많이 나가서 발자국이 엄청 크고 깊게 파인다. 고라니나 노루 발자국과 닮았지만, 워낙 커서 쉽게 가려낸다.
멧돼지는 걸을 때 뒷발이 정확히 앞발 위에 겹치거나 조금 뒤에 찍힌다. 발자국 방향은 가운데 선을 기준으로 밖을 향한다. 뛸 때는 네 발이 제각기 찍히고, 발굽도 걸을 때보다 훨씬 더 벌어진다. 멧돼지는 발을 높게 들지 않고 걷기 때문에 두텁게 쌓인 눈에서는 지나간 자리가 넓은 고랑을 이룬다.

질척한 진흙땅 위를 멧돼지가 걸어갔다. 발자국이 커서 한눈에 멧돼지 발자국이라는 것을 알 수 있다. 덩치가 커서 발자국도 깊이 찍혔다.

2004년 11월. 강원 화천 민통선 구역 물가

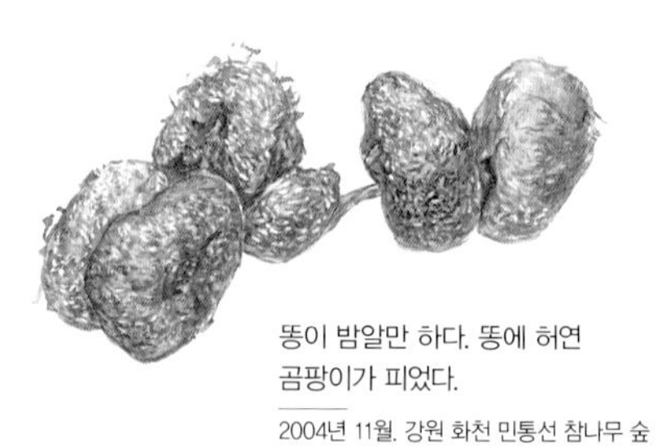

똥이 밤알만 하다. 똥에 허연 곰팡이가 피었다.

2004년 11월. 강원 화천 민통선 참나무 숲

멧돼지 똥

멧돼지는 똥을 무더기로 눈다. 소시지처럼 생긴 똥은 잘록잘록 작은 덩어리로 갈라진다. 똥이 아래위로 서로 눌려서 오목하게 들어간 자리가 생기기도 한다. 똥 크기는 지름이 3~4cm, 길이가 5~10cm인데 때마다 다르다. 묽은 똥도 싼다.

똥 색깔도 먹은 것에 따라 다른데, 보통 검은 풀색이거나 밤색이다. 똥을 한 번에 많이 눠서 잘 안 마르다 보니 허연 곰팡이가 피기도 한다. 똥 속에는 풀 부스러기가 많이 들어 있다. 통째로 씹은 도토리나 가래 껍데기, 벌레 껍질, 옥수수 같은 곡식 씨앗도 보인다. 마을 가까이 내려와 음식 쓰레기 더미를 뒤지기도 해서 똥에 고무줄이나 고무장갑 조각이 섞여 있기도 한다.

눈 지 오래되어 똥 색이 바랬다. 벼를 먹었는지 똥 겉에 벼 낟알 껍질이 붙어 있다. 똥 길이 5cm.

2005년 1월. 강원 양구 지석리 산

눈 지 얼마 안 된 새끼 멧돼지 똥이다. 간밤에 얼었다가 햇볕에 녹아서 구린내가 많이 났다. 똥 길이 7cm.

2005년 1월. 강원 양구 원당리 산비탈

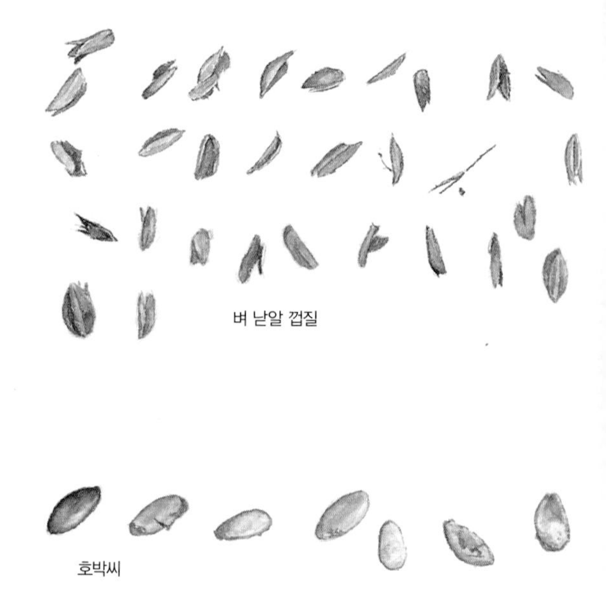

멧돼지 똥에서 나온 것들

멧돼지는 땅바닥을 헤집어서 이것저것 닥치는 대로 주워 먹는다. 흙도 같이 먹어서 똥에 흙 알갱이가 섞여 나온다.

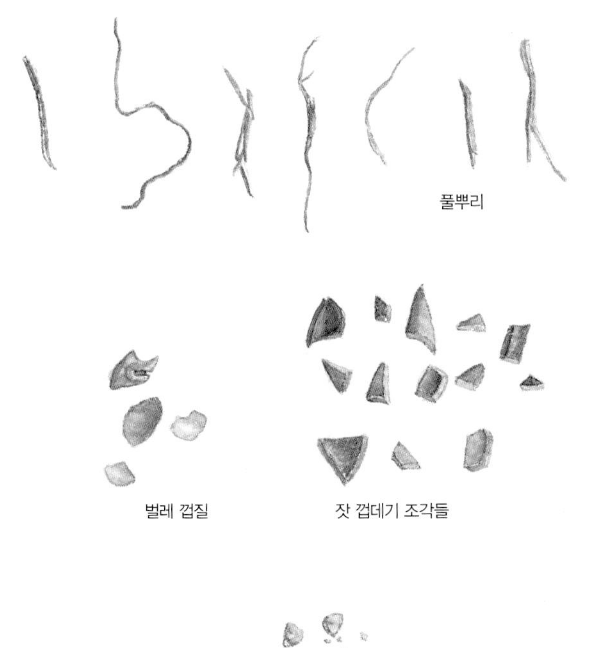

흙 알갱이

2004년 11월. 강원 화천 민통선 구역 산속

멧돼지가 파헤친 자리

멧돼지는 먹을 것을 찾으려고 힘센 주둥이로 땅바닥을 곧잘 뒤지고 다닌다. 가랑잎이 두툼하게 쌓인 곳을 흙바닥이 나올 때까지 파헤친다. 도토리 같은 열매와 온갖 벌레를 주워 먹고, 나무와 풀뿌리도 닥치는 대로 파먹는다. 쥐나 새, 너구리나 고라니도 가랑잎 더미를 뒤지지만, 뒤진 자리가 훨씬 작다. 또 멧돼지와 달리 땅은 파헤치지 않는다.

멧돼지 오줌 자국

멧돼지가 논에 있는 짚단 옆에서
오줌을 눴다. 흰 눈 위에 오줌 자국이
누렇다. 오줌발이 흩어진 것으로 보아
암컷인 것 같다. 발자국도 찍혀 있다.

2005년 1월. 강원 양구 원당리 논

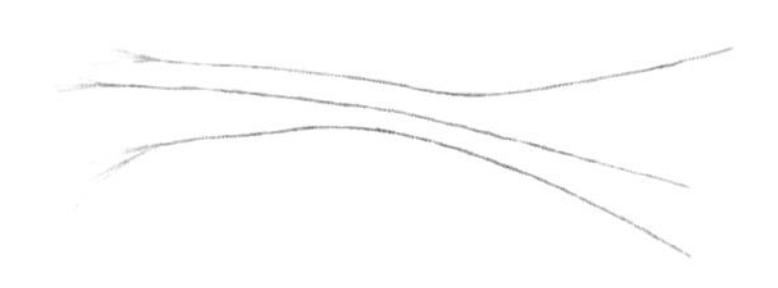

끝이 서너 갈래 갈라진 멧돼지 털

멧돼지가 등을 비빈 자국

멧돼지는 얼굴이나 목이나 잔등이 가려우면 나무에 대고 마구 비빈다. 제 땅임을 알리는 표시이기도 하다. 멧돼지가 자주 다니는 오솔길 둘레에서 이런 비빈 자리를 볼 수 있다. 곰처럼 뒷발로 서서 온 잔등을 비비는 것이 아니라 네 발로 서서 옆구리를 비빈다. 멧돼지가 비벼 댄 나무줄기는 닳아서 색이 바래 있다.
멧돼지가 비빈 자리를 잘 살펴보면 나무껍질 틈에 가끔 털이 끼어 있다. 멧돼지 털은 끝이 서너 갈래로 갈라진다.

멧돼지가 참나무에 등을 비볐다. 비빈 자리가 닳아서 색이 바랬고 반질반질하다. 땅에서 30cm밖에 안 되는 높이다. 비빈 자리도 그리 넓지 않아서 길이가 30cm, 너비는 20cm쯤 된다. 멧돼지 털이 나무껍질 틈에 끼어 있었다.

2004년 11월. 강원 화천 민통선 구역 산속

고라니 복작노루, 보노루 *Hydropotes inermis*

2002년 9월, 경기 양주 야생동물구조센터

소목 사슴과

먹이 풀, 나뭇잎, 산열매, 채소

수명 6년

몸길이 80~120cm

짝짓기 겨울

새끼 2~6마리

앞발 발자국
5 x 4cm

뒷발 발자국

발굽 두 개가 서로 마주 보는데,
발굽 하나는 반달 모양이고 끝은
뾰족하다.

고라니는 우리나라 고유종이다. 세계에서 우리나라에 가장 많이 산다. 노루와 닮았는데 몸집이 더 작다. 엉덩이에 커다란 흰 점이 있으면 노루고, 없으면 고라니다. 암수 모두 뿔이 없고, 수컷만 송곳니가 입 밖으로 길게 나와 있다. 산기슭이나 풀이 우거진 들, 물가 갈대밭에서 산다. 물을 좋아해서 산골짜기나 물가를 찾아와서 하루에 두세 번씩 꼭 물을 마신다. 헤엄도 잘 친다. 여름에는 골짜기와 숲에서 더위를 피하다가 겨울에는 눈과 바람이 적은 산기슭을 찾는다. 늦가을에는 논에 내려와서 벼 이삭을 훑어 먹고 겨울에는 보리 싹을 잘라 먹기도 한다. 해거름에 나와서 먹이를 먹는데, 안전하다 싶으면 낮에도 나온다. 겁이 많아서 조그만 소리에도 놀라 잽싸게 달아난다.

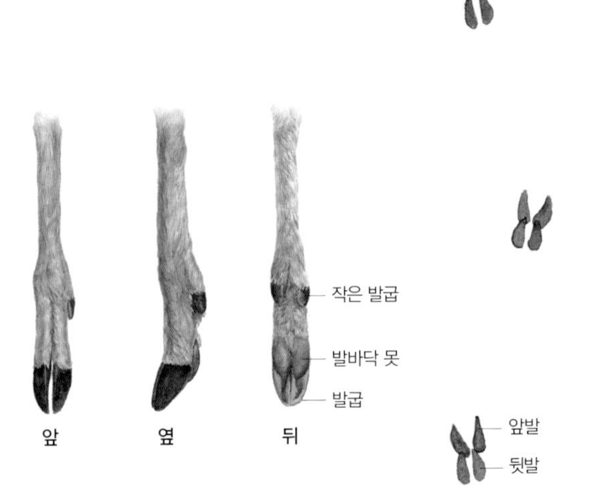

고라니가 걸어간 자국
걸음 폭 30~40cm
뛸 때 걸음 폭 100cm 안팎

고라니 발자국 흔적

고라니 발자국은 산과 들에서 흔하게 볼 수 있다. 고라니는 발굽으로 걷는다. 앞발굽은 많이 벌어지고, 때로는 작은 발굽이 뒤쪽에 점 모양으로 찍힌다. 뒷발은 작은 발굽이 찍히지 않는다.

걸을 때 뒷발이 앞발 자리에 놓이거나 조금 뒤에 놓인다. 장난치며 이리저리 뛰어다니는 것을 좋아해서 발자국 방향이 자주 바뀌기도 한다. 빨리 뛸 때는 걸음 폭이 1m를 훨씬 넘어 5~6m까지도 뛴다.

고라니가 뛰어갔다. 달릴 때는 앞발 발자국에 작은 발굽이 또렷하게 찍힌다.

새끼 고라니가 걸어간 발자국이다. 발자국 크기가 퍽 작다.

2004년 10월. 경기 안산 시화호 갈대밭

앞발 발자국. 발굽이 60도쯤 벌어졌다. 앞발굽은 늘 많이 벌어진다. 작은 발굽도 점 모양으로 찍혔다.

한쪽 끝은 뾰족하게 꼭지가 튀어나왔고 다른 한쪽 끝은 살짝 눌린 듯이 안쪽으로 파였다.
2004년 11월. 강원 양구 수입천 산자락

고라니 똥

고라니 똥은 알 똥이다. 노루 똥이나 산양 똥처럼 생겼는데, 지름이 6~9mm로 무척 작다. 동그랗거나 조금 길쭉하고, 까맣거나 밤색을 띤다. 똥 한쪽 끝은 뾰족한 꼭지가 톡 튀어나와 있고 다른 쪽 끝은 동그랗거나 옴폭 파인다. 보통은 한 곳에 작은 무더기로 쌓여 있지만, 달리면서 싸기도 해서 띄엄띄엄 몇 알씩 흩어져 있기도 한다. 여름에는 알 똥 여러 개가 뭉쳐진 덩어리 똥을 싸기도 한다.
고라니는 풀 같은 식물만 먹기 때문에 똥이 깨끗하고 냄새도 안 난다. 되새김질한 뒤 눈 똥이라 똥을 깨 보면 부드러운 풀 찌꺼기가 많다. 노루 똥과 닮아서 헷갈린다. 노루 똥 가운데 작은 것은 고라니 똥과 아주 똑같다.

2005년 4월. 강원 양구 수입천 산자락

이렇게 큼직한 덩어리 똥을
싸기도 한다. 작은 알 똥들이 뭉쳐서
나온 것이다. 7 x 2cm

2005년 4월. 경기 안산 시화호 갈대밭

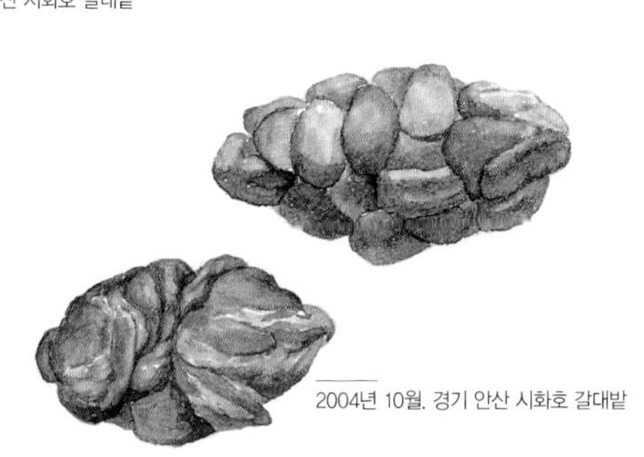

2004년 10월. 경기 안산 시화호 갈대밭

고라니가 추운 겨울을 나려고
달맞이꽃 잎을 뜯어 먹었다.

2004년 11월. 강원 양구 수입천 논둑길

고라니가 먹은 자국

고라니 발자국을 따라 덤불숲이나 어린 나무 숲 가장자리를 잘 살피면, 고라니가 어린 나뭇가지를 뜯어 먹은 자국을 볼 수 있다. 뜯어 먹은 자국이 쭉 안 이어지고 여기저기서 조금씩 뜯어 먹는다. 고라니는 위턱에 이가 없어서 뜯긴 가지 끝이 매끈하지 않고 지저분하다.
겨울에는 배추밭이나 무 밭에 가도 고라니가 먹은 자국을 볼 수 있다. 배추나 무에서 가장 연한 쪽만 골라 한두 입 뜯어 먹고 만다. 배추 잎사귀를 뜯어 먹은 자리도 깔끔하게 끊어지지 않고 섬유 실오라기가 길게 남아 있다.

털갈이한 겨울털이다.
물결 모양으로 구불구불하다.

이 고라니는 봄 털갈이를 2월에 했다.
좀 이른 편이다. 나무 둘레에 털이
뭉텅뭉텅 떨어져 있다.

2005년 2월. 강원 양구 지석리 산속

고라니 털갈이

고라니는 봄과 가을에 털갈이를 한다. 겨울털은 굵은 데다 속이 비어서 공기를 품고 있다. 그래서 추운 겨울을 나기에 좋다. 털이 물결 모양으로 구불구불하고 부드럽고 똑똑 잘 끊어진다. 여름털은 가늘고 질기다.

풀밭에서 고라니가 잠을 자고 갔다. 둘레에 풀이 눌려 있는 자리가 많이 있었다.

2005년 4월, 경기 안산 시화호

고라니 잠자리

고라니 발자국이 있는 갈대밭이나 풀숲을 살펴보면 고라니가 잠자고 간 자리도 찾을 수 있다. 잠자리는 바닥에 풀이 가지런히 눌려 있다. 눌린 자리가 크면 어미 자리이고, 작으면 새끼 자리다. 고라니는 겨울에 산속으로 옮겨 가서 산다. 눈에 찍힌 고라니 발자국을 따라가 보면 앞이 훤히 트인 산비탈 오목한 곳이나 낮은 산등성이에 쉬고 간 자리가 있다. 고라니가 잠을 잔 자리는 늘 눈이 깨끗이 파헤쳐져 흙이 드러나 있다. 고라니나 노루는 겨울에 차가운 눈을 다 치우고 잠자리를 만드는 버릇이 있다.

고라니가 다니는 길

고라니가 자주 다녀서 너른 풀밭에 길이 났다. 한 마리가 겨우 지나다닐 만하게 폭이 좁다.

2005년 4월. 경기 안산 시화호

노루 노리, 놀가지, 수건붙이 *Capreolus pygargus*

2003년 11월, 경기 과천 서울대공원 동물원

소목 사슴과

먹이 어린 나뭇가지, 새순, 채소, 곡식

수명 10년

몸길이 100~140cm

짝짓기 가을

새끼 2마리

앞발 발자국
6 x 3.5cm

두 발굽이 좁고 뾰족하다. 앞발굽은
뛸수록 많이 벌어지고, 뒷발굽은
별로 안 벌어진다. 뛸 때 작은 발굽이
찍히기도 한다.

노루는 고라니보다 퍽 크다. 고라니와 달리 엉덩이에 하얀 점이 커다랗게 나 있다. 뿔은 수컷만 있다. 해마다 11~12월이면 떨어지고 이듬해 1~2월에 새로 돋는다.

노루는 고라니보다 좀 더 높은 산에 산다. 해진 뒤나 해뜰참에 나와서 어린 나뭇가지와 풀을 뜯어 먹는다. 가을에는 배추, 무, 콩 같은 곡식도 먹는다. 먹을 것이 모자라는 겨울에는 마을까지 내려와서 먹을 것을 찾는다. 먹이를 먹고 나면 안전한 곳에서 되새김질을 한다. 노루는 눈이 좋고 귀도 밝고 냄새도 잘 맡고 헤엄도 잘 친다. 뛰는 것보다 걷는 것을 좋아한다. 겁이 많아서 작은 소리에도 잘 놀라고 금세 날아난다. 개가 짖는 것처럼 '컹컹'하고 운다. 식구끼리 모여 살거나 혼자 산다. 제주도 한라산에 유난히 많이 산다.

노루가 눈 쌓인 산길을 천천히 걸어갔다. 발자국 옆에 있는 똥과 오줌 자국, 나뭇가지를 뜯어 먹은 자국을 보고 노루 발자국인 것을 알았다.

2005년 2월. 경북 울진 소광리 산비탈

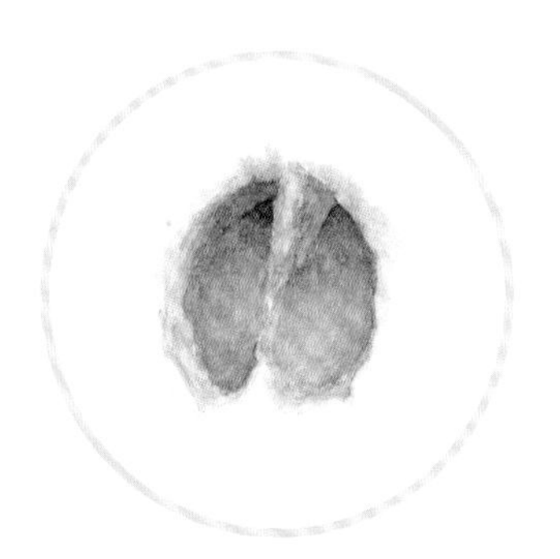

눈에 찍힌 노루 발자국

노루 발자국 흔적

노루는 고라니나 멧돼지처럼 발굽으로 걷는다. 걷는 것을 좋아하고, 가끔 뛰기는 하지만 오래 뛰지는 못한다. 발자국은 늘 곧게 이어지고, 발자국 하나하나는 가운데 선을 중심으로 조금 밖을 향한다. 뒷발은 거의 정확히 앞발이 디딘 자리를 디딘나. 걸음 폭은 60~90cm이고 빨리 걸을 때는 100~140cm로 커진다. 펄쩍 뛰어오를 때는 걸음 폭이 2m를 넘는다. 또 단숨에 6~7m를 뛸 수도 있다.

노루가 눈 덮인 배추밭에 똥을 한 무더기 싸 놓았다. 고라니 똥보다 크고 길쭉하다. 13 x 6mm

2005년 2월. 경북 울진 소광리 산비탈

노루 똥

노루 똥은 고라니 똥과 비슷하다. 똥이 깨끗하고 냄새도 안 난다. 길쭉한 똥이 있고 동글동글한 똥도 있다. 노루는 흔히 잠자리 옆에 똥을 30~40알씩 무더기로 싼다. 뛰면서 똥을 누는 버릇이 있어서 똥이 몇 알씩 흩어져 있기도 한다.
여름 똥은 고라니처럼 알 똥 여러 개가 한 덩어리로 뭉쳐 나오기도 한다. 똥은 까맣거나 짙은 밤색이나 검은 풀색이다. 풀보다 어린 나뭇가지나 나뭇잎을 즐겨 먹어서 똥을 쪼개 보면 나무 부스러기 같은 것이 나올 때가 많다.

노루 오줌 자국

노루가 산길을 따라 걸어가면서 군데군데 똥도 누고 오줌도 흘려 놓았다. 오줌이 흩어지지 않은 것으로 보아 수컷인 것 같다. 구멍 지름 1cm

2005년 2월. 경북 울진 소광리 산길

노루가 배추밭에 내려와서 눈을 헤치고 잎사귀를 뜯어 먹었다. 끊어 먹은 자리가 지저분하다.
2005년 2월, 경북 울진 소광리 산비탈

노루가 먹은 자국

노루는 풀보다 나뭇가지를 즐겨 먹는다. 나무숲 가장자리를 따라가면서 제 키에 맞는 나뭇가지들을 보이는 대로 한 입씩 뜯어 먹는다. 노루가 나뭇가지를 뜯어 먹은 자국은 50~100cm 높이에 있다. 나무껍질을 벗겨 먹지는 않는다.

노루도 고라니처럼 위턱에 앞니가 없다. 사슴과 동물이 다 그렇다. 그래서 뜯어 먹은 자국이 매끈하지 않고 섬유 같은 것이 남아 있다. 쥐나 토끼는 튼튼한 윗니가 있어서 뜯거나 갉아 먹은 자리가 칼로 벤 것처럼 말끔하다.

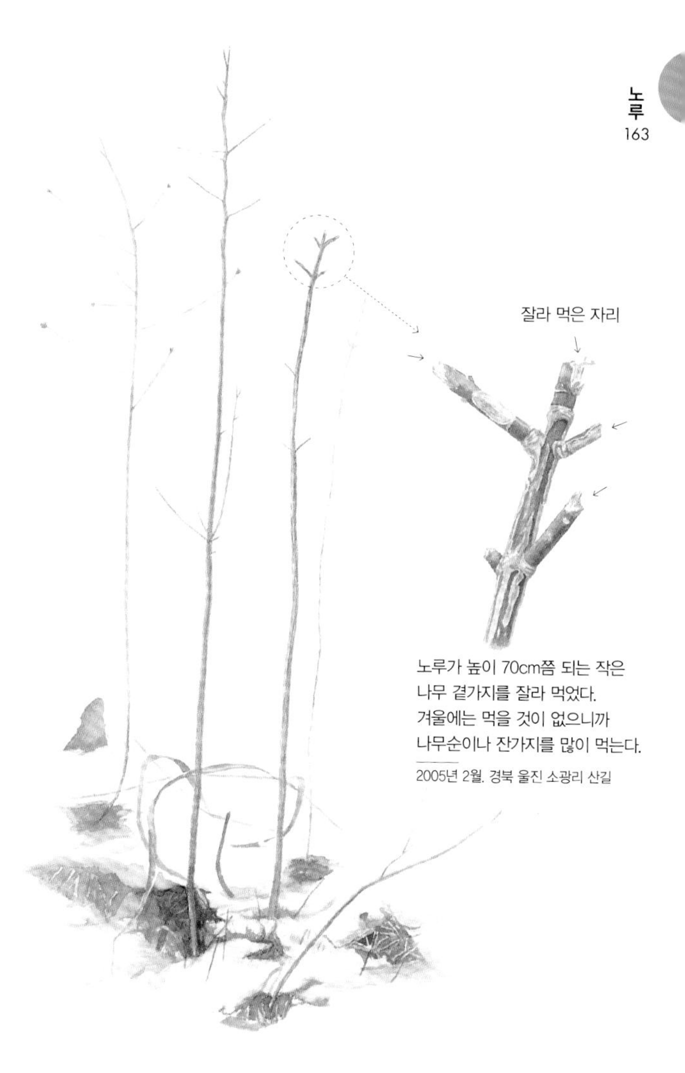

노루가 높이 70cm쯤 되는 작은
나무 곁가지를 잘라 먹었다.
겨울에는 먹을 것이 없으니까
나무순이나 잔가지를 많이 먹는다.

2005년 2월. 경북 울진 소광리 산길

꽃사슴 사슴, 대륙사슴, 우수리사슴 *Cervus nippon*

2004년 7월. 경기 포천 국립수목원 산림동물원

소목 사슴과
먹이 풀, 나뭇잎, 어린 가지, 이끼, 버섯
수명 15년
몸길이 100～160cm
짝짓기 9～10월
새끼 1～2마리

발자국 5.5 x 4cm

걸음 폭 40~80cm
뛸 때 걸음 폭 100~200cm

발굽은 좁고 뾰족하며, 앞발과
뒷발 크기가 비슷하다.

꽃사슴은 붉은 밤색 털에 흰 점이 있다. 흰 점은 여름에는 털이 짧고 성글어서 또렷하게 보이다가 겨울에 털이 길고 빼곡해지면 잘 안 보인다. 뿔은 수컷만 있는데, 네 가지로 갈라진다. 암수 모두 소리를 잘 내고 귀를 잘 움직인다. 숲 속이나 숲 가장자리 풀밭에 살면서 풀과 나뭇잎, 어린 나뭇가지, 이끼와 버섯을 즐겨 먹는다.
수컷 뿔은 해마다 1~2월이면 떨어졌다가 3월부터 새 뿔이 돋기 시작해서 8월까지 자란다. 뿔이 자라는 동안 수컷은 혼자 지내다가 9~10월 짝짓기 때가 되면 암컷 무리를 찾는다. 이 때 수컷들은 암컷을 차지하려고 서로 뿔을 부딪치며 격렬하게 싸운다. 짝짓기를 하고 이듬해 5~6월이면 새끼를 한두 마리 낳는다.

누렁이 백두산사슴, 붉은사슴, 말사슴 *Cervus elaphus*

소목 사슴과
먹이 나뭇잎, 산열매, 버섯, 채소, 곡식
수명 15년
몸길이 180～200cm
짝짓기 가을
새끼 1마리

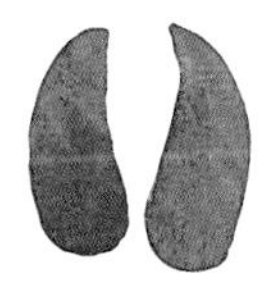

앞발 발자국 9 x 7cm

걸음 폭 80~150cm
뛸 때 최대 걸음 폭 350cm

발굽이 크다. 앞발굽이 조금
벌어지고 작은 발굽은 안 찍힌다.
앞발이 뒷발보다 조금 크다.

누렁이는 엉덩이에 크고 누런 점이 있다. 백두산에 산다고 '백두산사슴'이라고도 한다. 남녘에는 안 산다. 사슴과 동물 가운데 가장 커서 말보다 큰 것도 있다. 수컷만 큰 뿔이 있는데 6~8가지로 갈라진다.
누렁이는 넓은 숲 속에 살면서 철 따라 사는 곳을 옮긴다. 여름에는 벌레가 적고 바람이 잘 드는 산꼭대기나 서늘한 북쪽 비탈에 산다. 가을에는 볕이 잘 들고 눈이 적은 남쪽 비탈로 옮긴다. 보통 3~5마리씩 무리를 지어 다닌다. 밤이든 낮이든 잘 돌아다니며 나뭇잎과 가지, 산열매, 버섯 따위를 먹는다. 봄에 소금기가 있는 흙을 핥는 버릇이 있다. 물을 좋아해서 여름에는 물속에 몸을 담그거나 늪이나 진흙 웅덩이에 눕기도 한다. 가을에는 논밭에 내려와 농작물을 뜯어 먹기도 한다. 수컷은 짝짓기 철에 황소 같은 울음소리를 내며 암컷을 찾는다.

산양 *Nemorhaedus caudatus*

2002년 2월, 경기 용인 에버랜드 동물원

소목 소과

먹이 풀, 나뭇잎, 어린 가지, 이끼

수명 10~15년

몸길이 120~135cm

짝짓기 10~11월

새끼 1마리

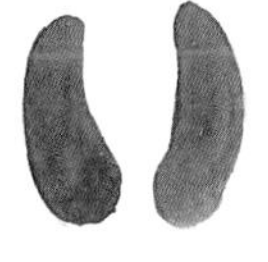

발자국
5 x 5cm

산양 발굽은 고라니나 노루 발굽과
달리 앞 끝이 뾰족하지 않다.

산양은 높은 산속 험한 바위 지대에서 산다. 암수 모두 작고 뾰족한 뿔이 활처럼 뒤로 뻗는다. 뿔은 죽을 때까지 안 떨어진다. 다리가 굵고 튼튼하며 발굽이 쫀득쫀득해서 가파른 낭떠러지도 잘 오르내린다.

산양은 혼자 지내거나 서너 마리씩 무리를 짓는다. 살 곳을 한번 정하면 죽을 때까지 머무른다. 굴이나 집은 따로 없다. 아침저녁 돌아다니면서 부드러운 풀과 나뭇잎을 뜯어 먹는다. 한낮에는 커다란 바위를 등지고 앞이 탁 트인 낭떠러지 위에서 쉬며 먹은 것을 되새김질하거나 존다. 눈이 많이 오면 먹이를 찾아 산 아래로 내려오기도 한다. 1960년대까지만 해도 깊은 산에 많이 살았는데, 지금은 아주 적은 수만 남아서 천연기념물과 멸종위기종으로 정해 보호하고 있다.

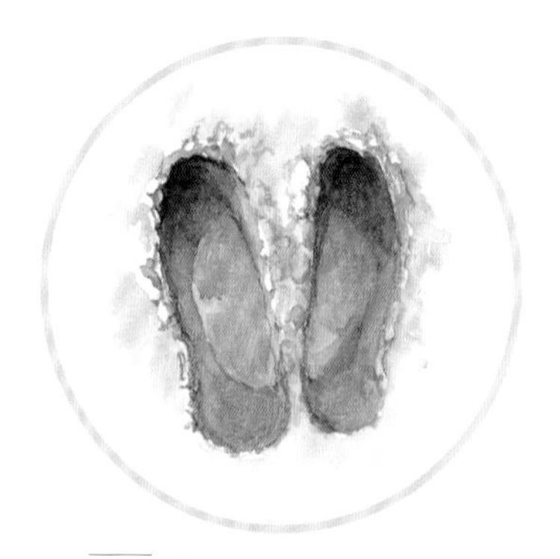

2005년 12월. 강원 양구 월운리 옛 산양증식장

산양 발자국 흔적

산양 발자국은 고라니나 노루와 달리 발굽 앞 끝이 뾰족하지 않고 뭉툭하다. 또 뛸 때 고라니는 앞발굽이 많이 벌어지는데, 산양은 뒷발굽이 많이 벌어진다. 작은 발굽은 잘 안 찍힌다.
산양 발자국은 보기 힘들다. 주로 높은 산 바위를 타고 다니기 때문이다. 겨울에 눈이 내려야 산양 발자국을 볼까 말까다. 걸을 때 뒷발 발자국이 앞발 발자국 위에 찍히거나 조금 뒤에 놓인다. 걸음 폭은 40cm 안팎이다. 뛸 때는 네 발자국이 따로따로 떨어져 찍히고, 걸음 폭은 80cm를 넘는다. 산양은 60~70도로 기울어진 가파른 낭떠러지도 가볍게 뛰어올라 눈 깜짝할 사이에 사라진다.

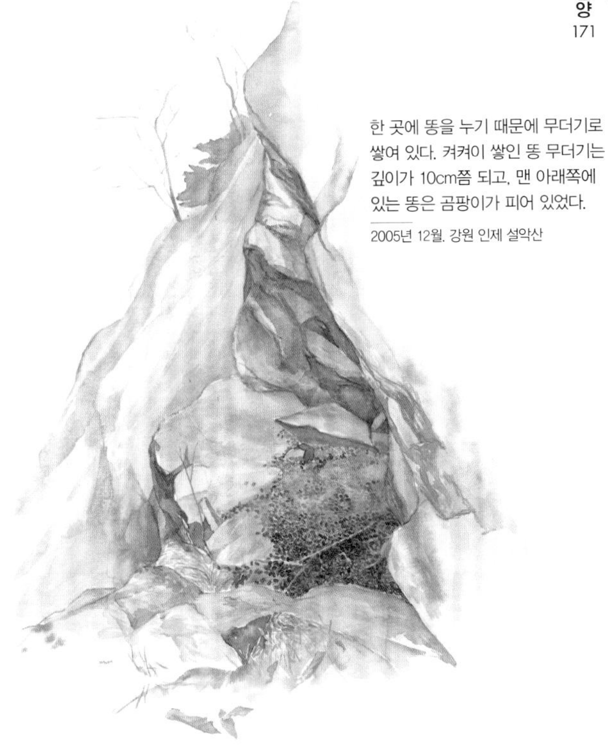

한 곳에 똥을 누기 때문에 무더기로 쌓여 있다. 켜켜이 쌓인 똥 무더기는 깊이가 10cm쯤 되고, 맨 아래쪽에 있는 똥은 곰팡이가 피어 있었다.

2005년 12월, 강원 인제 설악산

산양 쉼터

산양은 깎아지른 낭떠러지 위에 쉼터를 만든다. 볕이 잘 들고 앞이 탁 트였다. 천적이 다가가기 힘들기 때문에 산양이 마음 놓고 쉬면서 되새김질하거나 똥을 누거나 잠을 자기에 좋다.

길쭉하고 양 끝이
뭉툭하다. 15 x 8mm

2005년 12월. 강원 인제 설악산

산양 똥

산양 똥은 알 똥이다. 동글동글한 것도 있고 조금 길쭉한 것도 있다. 길쭉한 알 똥은 양 끝이 뭉툭하고 오목하게 들어가지 않는다. 똥 색은 까만데, 겨울에는 밤색도 있다. 주로 풀이나 나뭇잎을 먹고 되새김질을 하기 때문에 똥을 쪼개 보면 부드러운 풀 찌꺼기가 나온다. 잘게 부서진 나뭇가지 부스러기도 나온다. 산양은 한곳에 똥을 눈다. 식구가 있으면 모두 한곳에 똥을 눈다. 그래서 늘 무더기로 발견된다.
산양이나 고라니나 노루는 똥이 다 고만고만해서 누구 똥인지 가려내기 힘들다. 그럴 때는 똥이 있는 자리와 둘레 환경을 보고 가늠해 본다. 높은 산 바위 지대에 있으면 산양 똥, 갈대밭이나 산기슭에서 보았다면 고라니 똥이기 쉽다. 노루는 고라니보다 좀 더 깊은 산에 산다.

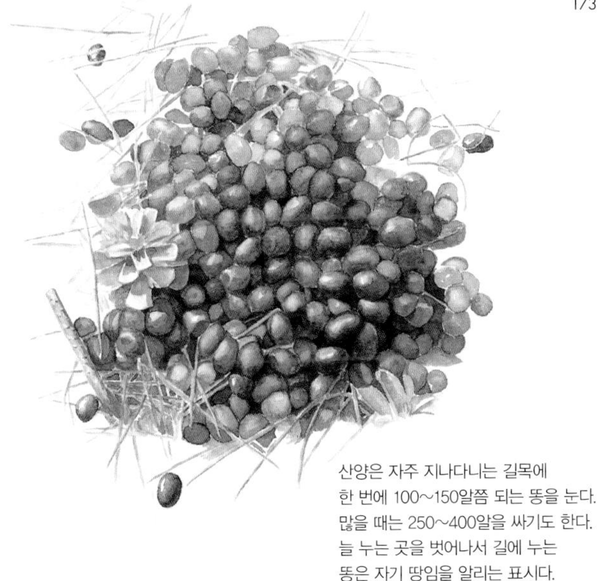

산양은 자주 지나다니는 길목에
한 번에 100~150알쯤 되는 똥을 눈다.
많을 때는 250~400알을 싸기도 한다.
늘 누는 곳을 벗어나서 길에 누는
똥은 자기 땅임을 알리는 표시다.

2005년 12월. 강원 인제 설악산

산양 똥에는 고라니 똥이나 노루 똥과
똑같이 생긴 놈도 있다. 이 똥은 높은
산꼭대기 가까이에 있어서 산양 똥인
것으로 짐작했다.

2005년 12월. 강원 인제 설악산

철쭉을 뜯어 먹었다.
겨울눈 자리가 끊어져 있다.

산양이 먹은 자국

산양은 나무보다 풀을 많이 먹는다. 봄에 새로 돋아난 원추리 순같이 푸르고 부드러운 것을 찾아서 뜯어 먹는다. 봄나물인 달래를 즐겨 먹어서 다른 짐승보다 기생충이 적고 깨끗하다고 한다. 방동사니 같은 사초과 풀도 좋아하고, 도토리 같은 산열매나 진달래, 철쭉, 단풍나무, 두릅나무, 참나무 잔가지와 잎도 먹는다.

산양은 고라니나 노루처럼 위턱에 앞니가 없다. 그래서 풀이나 나뭇가지를 뜯을 때 가지런히 끊지 못한다. 산양이 뜯어 먹은 풀이나 나뭇가지를 자세히 보면 이빨 자국이 보이기도 한다.

산양과 고라니와 노루가 뜯어 먹은 자국은 비슷비슷하다. 낮은 산이나 들판에 있는 것은 고라니가 남긴 자국, 조금 높은 산에 있는 것은 노루가 남긴 자국, 높은 산 바위 지대 둘레에 있는 것은 산양이 남긴 자국이라고 할 수 있다. 또 산양과 고라니는 고개를 숙이고 아래쪽에 있는 먹이를 먹는 편이지만, 노루는 아래쪽은 물론이고 고개를 쳐들어 제 키보다 좀 더 높은 데 있는 나뭇가지도 뜯어 먹는다.

솔잎을 뜯어 먹었다. 바늘잎나무는
잘 안 먹는데, 겨울에 먹을 것이
없을 때는 먹는다.

주목 잎을 뜯어 먹었다.

2005년 12월. 강원 양구 월운리 옛 산양증식장

산양이 나무에 뿔을 비빈 자국이다.
비빈 지 오래되어서 색이 칙칙하다.
비빈 자리 크기 17 x 2.5cm

2005년 12월. 강원 인제 설악산

산양이 뿔로 비빈 자국

산양은 한 마리나 작은 무리가 저마다 엄격한 자기 영역을 가지고 생활한다. 그래서 여러 가지 방법으로 제 땅임을 알린다. 똥이나 오줌을 싸서 알리기도 하지만 발굽이나 뿔을 문질러서 냄새를 묻혀 둘 때가 많다. 산양은 자주 발굽으로 땅을 파헤치거나 뿔로 나뭇가지를 긁어 놓는다. 뿔로 비빈 자국은 대부분 짝짓기 철에 수컷이 남긴 것이다. 뿔로 나무를 긁거나 비빈 자리는 나무껍질이 벗겨져서 눈에 잘 띈다. 보통 바닥에서 25~30cm 높이에 있다. 새로운 나무를 골라 비빌 때가 많지만, 한번 비빈 자리를 다시 찾아가서 비비기도 한다.

산양이 자주 다니는 길이다. 길 왼쪽은 심하게 가파르지 않지만 오른쪽 아래는 45도쯤 기울어진 가파른 비탈이다.

2005년 12월, 강원 인제 설악산

산양이 다니는 길

산양은 자기 땅을 지키며 살기 때문에 자주 다니는 길이 있다. 자주 다니는 길에서는 산양 발자국과 똥, 먹이 흔적을 쉽게 볼 수 있다. 산양은 눈에 잘 띄는 산등성이로는 잘 안 다닌다.

새가 남긴 흔적

새 발자국
새똥
펠릿
새가 먹은 자리
새 둥지
새 모래 목욕
뼈와 깃털

새 발자국

새는 발가락이 네 개다. 세 개는 앞으로 뻗어 있고, 나머지 하나는 뒤로 뻗는다. 발가락 길이는 뒤로 난 발가락이 가장 짧고, 앞을 보는 세 발가락에서 가운데 발가락이 가장 길다. 왜가리처럼 뒤로 나 있는 발가락이 퍽 긴 새도 있다. 딱따구리는 발가락 두 개가 앞으로 나 있고, 나머지 두 개는 뒤로 나 있다.

물 가까이 사는 기러기나 오리나 갈매기는 발가락 사이에 물갈퀴가 있다. 모래나 눈이나 진흙 바닥에 물갈퀴가 또렷하게 찍힌다.

새 발가락 끝에는 모두 발톱이 있다. 매나 독수리 같은 새는 다른 새나 작은 짐승을 사냥하기 좋게 앞발톱이 날카로우면서 안으로 굽었다. 오리 무리는 발톱이 거의 안 보인다.

눈밭에는 새가 땅으로 내려앉으면서 발자국이 찍히기도 한다. 또 갑자기 하늘로 날아오르면서 날개 자국이 부챗살처럼 찍힐 때도 있다. 꼬리가 긴 장끼는 발자국과 함께 꼬리가 끌린 자국을 남긴다. 참새처럼 작고 몸이 가벼운 새는 날개 자국이나 꼬리 자국을 거의 안 남긴다.

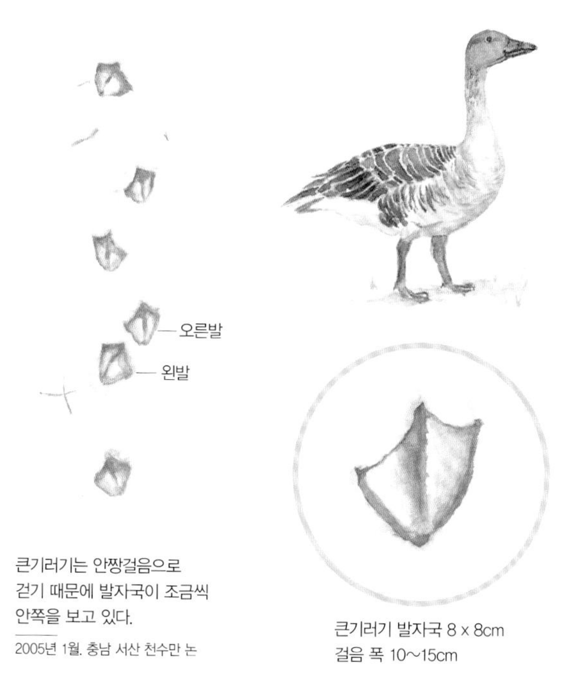

큰기러기는 안짱걸음으로
걷기 때문에 발자국이 조금씩
안쪽을 보고 있다.

2005년 1월. 충남 서산 천수만 논

큰기러기 발자국 8 x 8cm
걸음 폭 10~15cm

큰기러기 *Anser fabalis*

큰기러기 발자국은 뒤로 뻗은 발가락이 없고 발가락 사이에 물갈퀴가 있다. 몸집이 크고 무거워서 발자국이 잘 찍힌다. 발가락과 발톱과 물갈퀴가 모두 잘 나타난다.

꿩 발자국 7~8 x 8~9cm
걸음 폭 10cm
뛸 때 걸음 폭 30~50cm

2004년 10월. 경기 안산 시화호 진흙밭

꿩이 눈밭을 걸어갔다.

2005년 1월. 충남 서산 천수만 물가

꿩 *Phasianus colchicus*

꿩은 늘 다니는 길이 있어서 발자국을 쉽게 찾을 수 있고, 가까운 곳에서 똥도 볼 수 있다. 산자락에 있는 밭이나 마을 가까운 논밭에 많다. 앞으로 난 세 발가락은 90도 안팎으로 벌어지고, 뒤로 난 발가락은 작지는 않지만 힘을 많이 주지 않아서 점처럼 찍힌다.

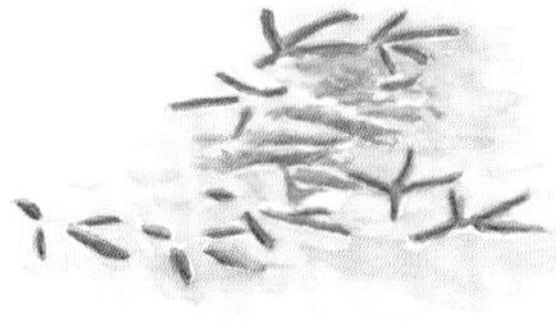

왜가리는 쉴 때 한 다리로 서 있다. 발이 시리면 다른 발로 바꾸고 또 다른 발로 바꾸고 한 자국이다.

2005년 1월. 충남 서산 천수만 수로

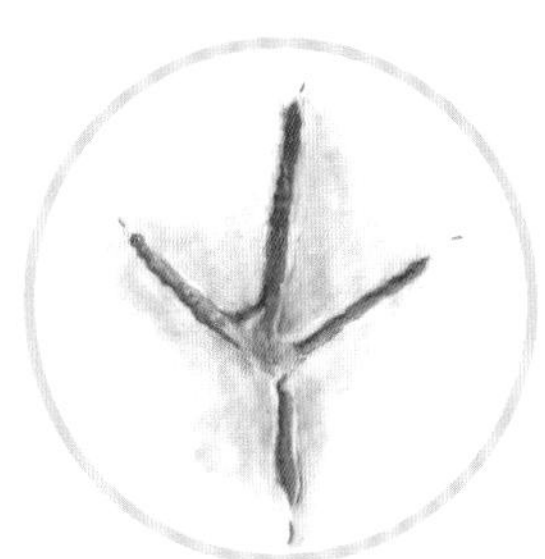

왜가리 발자국 16 x 12cm
가운데 발가락 길이 7~8cm
걸음 폭 50cm

2004년 10월. 경기 안산 시화호 진흙밭

왜가리 *Ardea cinerea*

왜가리는 앞으로 난 세 발가락이 모두 길고 가늘다. 발톱도 뾰족하고 길다. 뒤로 난 발가락도 긴데 가운데 발가락과 거의 일직선을 이룬다. 앞으로 난 세 발가락이 이룬 각도는 120도 안팎이다. 물가에서 흔히 볼 수 있다.

중대백로 발자국 16 x 14cm

중대백로 *Egretta alba*

중대백로는 백로 가운데 가장 크다. 발자국이 왜가리와 비슷한데, 중대백로 발자국이 조금 더 크다. 발가락 길이가 뒤로 뻗은 발가락까지 다 해서 15cm가 넘는다.

중대백로가 눈길을 걸어갔다.
발자국이 크고 또렷하다.

2005년 1월. 충남 서산 천수만

청둥오리 발자국 7 x 6cm

2005년 1월. 강원 양구 수입천 물가

청둥오리 *Anas platyrhynchos*

청둥오리는 물갈퀴가 발톱 끝까지 오는데, 가장자리가 조금 안쪽으로 굽어든다. 기러기보다 발가락이 가늘고 짧다. 발톱도 둔한 편이다. 가운데 발가락 길이는 5cm 안팎이다. 뒤뚱뒤뚱 안짱걸음으로 걷기 때문에 발자국 방향을 보고 왼발과 오른발을 가려낸다. 걸음 폭도 15cm 안팎으로 짧다. 물가 모래나 진흙 바닥에서 흔하게 볼 수 있다.

쇠오리 발자국 4 x 5cm

2005년 1월, 충남 서산 창리 포구

쇠오리 *Anas crecca*

겨울 철새다. 몸집이 작아서 '쇠오리'다. 다른 오리와 발자국이 비슷하지만 발자국 크기가 더 작다. 오리 종류가 워낙 많아서 발자국 하나만 가지고 무슨 오리인지 가려내기는 어렵다.

2005년 1월. 강원 양구 방산리 수입천

물까마귀 *Cinclus pallasii*

물까마귀는 맑은 물이 흐르는 곳에 사는 텃새다. 겨울에도 골짜기를 날아다니면서 얼지 않은 물을 찾아 물속에 사는 벌레를 잡아먹는다. 자맥질도 잘한다. 겨울에 눈 쌓인 골짜기를 잘 살펴보면 눈에 찍힌 물까마귀 발자국을 볼 수 있다.

눈밭에 찍힌 물까마귀 발자국
7 x 3cm. 발이 끌린 자국도 나 있다.

2005년 1월. 강원 양구 수입천

몸이 통통한 노랑턱멧새.
여름에는 몸이 날씬하다.

2005년 2월. 경북 울진 소광리 눈 쌓인 산기슭 밭

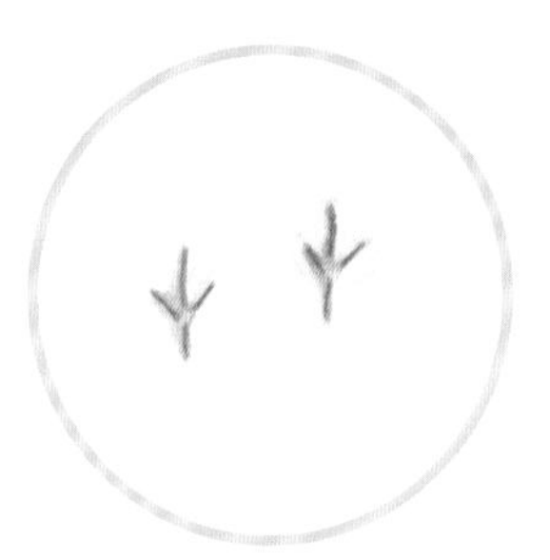

노랑턱멧새 발자국 4 x 2cm

노랑턱멧새가 풀 줄기에 올라
풀씨를 쪼아 먹고 다시 옮겨 갔다.
풀씨가 흰 눈 위에 까만 점처럼
흩어져 있다.

노랑턱멧새 *Emberiza elegans*

몸집이 작고 가벼워서 발자국이 희미하지만, 눈밭에서는 꽤 또렷한 발자국을 남긴다. 두 발을 모아 톡톡 뛰어다녀서 발자국이 늘 쌍으로 찍힌다. 나뭇가지를 움켜잡기 좋게 발가락이 가늘고 길며 발톱도 날카롭다.

백할미새 발자국 3.5 x 2cm

2005년 1월. 충남 서산 창리 포구

민물도요 발자국 3 x 3cm

2005년 1월. 충남 서산 창리 포구

백할미새 *Motacilla lugens*

물가에서 볼 수 있는 겨울 철새다. 몸무게가 20g밖에 안 나가서 발자국이 또렷하게 찍히지 않는다.

민물도요 *Calidris alpina*

도요새 가운데 가장 흔한 겨울 철새다. 발자국이 작고, 뒤로 뻗은 발가락이 점처럼 조그맣게 찍힌다.

새똥

새는 날아다니기 때문에 몸이 가벼워야 한다. 그래서 먹은 것을 빨리 소화시키고, 똥도 자주 눈다. 새는 오줌보가 따로 없다. 새똥에 허옇게 묻어 나오는 것이 오줌이다.
매나 수리처럼 짐승 고기를 먹는 새는 하얀 물똥을 싼다. 소화가 된 것만 묽은 똥으로 내보내는 것이다. 낭떠러지에 둥지를 틀고 새끼를 치는 맹금류나 물고기를 먹는 황새 둥지를 보면 하얀 오줌똥 때문에 멀리서도 한눈에 알아볼 수 있다.
꿩이나 비둘기나 참새 똥은 원통 꼴이 많고 굳고 마른 것이 특징이다. 이 새들은 곡식을 많이 먹는데, 틈틈이 모래알 같은 것을 같이 쪼아 먹는다. 그러면 곡식이 잘게 부서져서 소화가 잘 된다. 벌레를 먹는 딱따구리는 벌레 껍질이 소화되지 않고 똥 속에 그대로 남아 있다.
딸기나 버찌를 먹는 새들은 똥 속에 열매 씨가 고스란히 있어서 새가 무엇을 먹었는지 금방 알 수 있다. 딱딱한 씨앗을 똥으로 그대로 내보내서 씨앗이 널리 퍼지는 것을 도와준다. 풀을 먹는 기러기나 오리 종류는 원통 꼴 풀색 똥을 허연 오줌과 함께 싼다.

장끼가 금방 싼 똥. 똥이 촉촉하고,
허연 오줌도 묻어 있다.
똥 길이 2~3cm

2004년 11월. 강원 양구 수입천 물가 갈대숲

꿩 *Phasianus colchicus*

꿩 똥은 짧은 원통 꼴로, 한끝은 굵고 뭉툭하고 다른 한끝은 조금 가늘다. 색깔은 밤색이 많고 한쪽 끝에 흰 오줌이 덮여 있다. 먹이를 먹은 곳에서 한두 개 보이고, 쉬던 자리에서는 무더기로 보인다.

딱새 똥에서 여러 가지 열매와
곡식 알갱이가 그대로 나왔다.

2005년 1월. 강원 양구 방산리 수입천 물가 비탈

딱새 *Phoenicurus auroreus*

딱새는 한 해 내내 한 곳에서 사는 텃새다. 크기는 참새만 하다. 마을에서 멀지 않은 숲이나 산비탈에서 혼자 살거나 암수가 어울려 산다. 여름에는 벌레를 많이 잡아먹고, 겨울에는 마른 나무 열매나 풀씨를 먹는다. 찔레 열매를 잘 먹는다.

큰기러기가 방금 싼 똥 무더기다.
5 x 1cm.

2005년 2월. 경기 파주출판단지 근처 논

큰기러기가 논에서 눈을 맞으며
먹이를 찾아 먹고는 똥을 쌌다.
눈에 똥물이 번져 있다.

2005년 1월. 충남 서산 천수만 논

큰기러기 *Anser fabalis*

기러기는 단단한 원통 꼴 똥을 싼다. 늪이나 물가 풀밭이나 모랫바닥, 가을걷이가 끝난 논에서 쉽게 찾아볼 수 있다. 무리를 지어 살기 때문에 똥도 한번에 많이 볼 수 있다.

펠릿

펠릿은 새가 입으로 토해 내는 찌꺼기 덩어리다. 얼핏 보면 육식 동물이 싼 똥 덩어리처럼 보인다. 부엉이나 올빼미, 수리, 매 같은 새들이 펠릿을 토해 낸다.
새는 이빨이 없어서 먹이를 씹지 않고 그대로 삼킨다. 쥐나 작은 짐승은 통째로 삼키는데, 어지간한 것은 다 소화된다. 하지만 털이나 단단한 뼈는 소화가 안 되고 배 속에 쌓인다. 이것이 쌓이고 쌓이면 새가 입으로 토해 낸다. 털이나 뼈 부스러기들은 새 모이주머니에서 나오는 끈끈한 점액과 섞여서 한 덩어리가 된다. 점액 때문에 매끄러워서 목구멍으로 쉽게 토해 낼 수 있다.
펠릿은 둥근 공처럼 생겼거나 원통 꼴이 많다. 양끝이 다 둥글거나 한쪽 끝만 뾰족하다. 한 곳에 토해 놓기 때문에 하나만 찾으면 그 둘레에서 여러 개를 볼 수 있다. 새가 사는 나무나 둥지 가까이에 많다.
새들은 먹이를 찾으러 나서기 전에 펠릿을 토한다. 그렇게 모이주머니를 비워서 몸무게를 줄인다. 하루에 적어도 두 번은 먹이를 먹으니까 펠릿도 보통 두 번은 토해 낸다.

독수리 펠릿
죽은 고라니를 먹고 토해 냈다.
고라니 털로만 되어 있어서
성글게 뭉쳐진 것 같다.
6.5 x 4cm

2004년 12월. 강원 철원 들판

독수리 *Aegypius monachus*

독수리 펠릿은 넓은 강어귀나 앞이 시원하게 트인 너른 밭과 논에서 찾을 수 있다. 굵은 원통 꼴에 양 끝이 모두 뭉툭하다.

황조롱이 펠릿
구조센터에서 먹이로 준 흰쥐를
먹고 뱉은 것이라 색이 허옇다.
3 x 1.5cm

2004년 12월. 강원 철원 야생동물구조센터

황조롱이 *Falco tinnunculus*

황조롱이는 도시에서도 볼 수 있다. 건물 옥상에 둥지를 짓기도 하는데, 펠릿도 둥지 옆에서 찾을 수 있다.

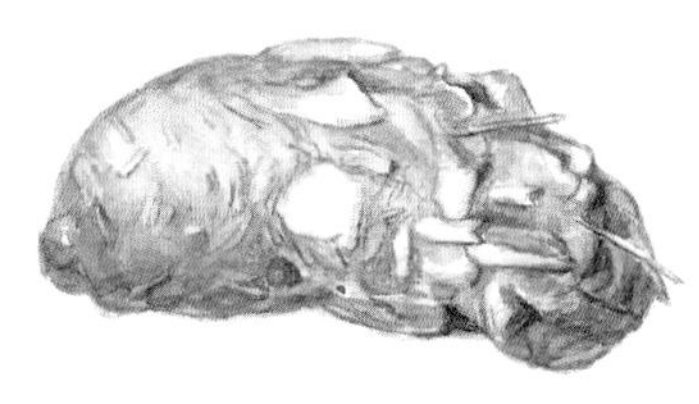

수리부엉이 펠릿
논과 논 사이 좁은 논둑길에 놓여 있었다.
토한 지 오래된 것 같다. 잡아먹은 새
뼛조각이 보인다. 6 x 3cm

2005년 3월. 경기 파주출판단지 둘레 논

수리부엉이 *Bubo bubo*

수리부엉이 펠릿은 산속 큰 바위나 나무 밑에 많다. 부엉이 가운데 덩치가 가장 커서 펠릿도 굵고 크다.

참매 펠릿
구조센터에서 먹이로 준 흰쥐를 먹고 뱉은 것이라 색이 허옇다. 3 x 1.5cm

2004년 12월. 강원 철원 야생동물구조센터

참매 *Accipiter gentilis*

참매 펠릿은 산이나 물가나 논밭에서 볼 수 있다. 가운데는 굵고 양 끝은 가늘지만 뾰족하지 않고 뭉툭하다. 잡아먹은 새나 쥐에 따라 빛깔이 다르지만, 잿빛 밤색이 많고 무척 단단하다.

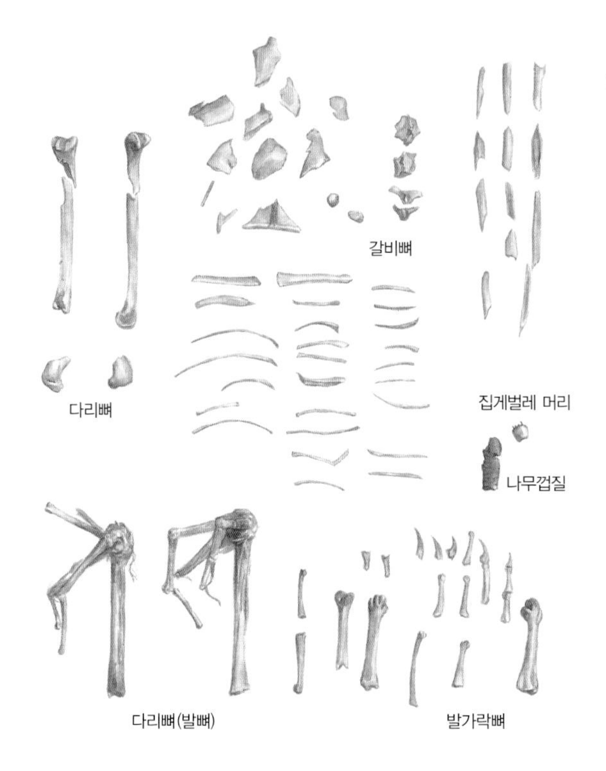

펠릿에서 나온 것들

수리부엉이 펠릿에서 나왔다. 펠릿을 풀어헤쳐 보니 온통 새털과 뼈 투성이였다. 다리뼈와 발뼈 길이를 보면 꿩같이 꽤 덩치가 큰 새를 잡아먹은 것 같다. 집게벌레 머리도 나왔는데 아마도 잡아먹힌 새가 먹은 것 같다.

2005년 9월, 경기 안산 시화호 큰 바위 위

새가 먹은 자리

딱따구리는 나무줄기에 구멍을 파서 벌레를 잡아먹는다. 주둥이로 나무통을 몇 번 두드려서 그 속에 벌레가 있는지 없는지 금방 알아낸다. 죽은 나무통은 물론이고 살아 있는 나무라도 벌레만 있으면 닥치는 대로 구멍을 뚫어서 벌레를 찾아 먹는다. 죽은 나무일수록 벌레가 많아서 죽은 나무 한 그루에 딱따구리 구멍이 열 개도 넘게 줄지어 뚫려 있기도 한다.
새들도 먹이를 숨겨 두는 버릇이 있다. 때까치는 짝짓기 철에 메뚜기나 개구리, 잠자리 따위를 잡아서 둥지 둘레 나뭇가지 사이에 끼워 놓고 알을 깔 무렵에 먹는다. 어치는 잣이나 도토리, 가래, 밤 같은 산열매를 나무 틈 사이에 끼워 놓는다.

큰기러기가 눈 쌓인 논에서
먹이를 찾느라 볏짚을 파헤쳤다.
꼭 쥐 굴이나 새 둥지처럼 보인다.
큰기러기 발자국도 찍혀 있다.

2005년 1월, 충남 천수만 논

딱따구리가 벌레를 찾아 먹으려고
나무를 쪼아 구멍을 냈다.

2005년 2월. 강원 양구 지석리 산

때까치가 나중에 먹으려고 메뚜기를
나뭇가지 사이에 끼워 놓았다.

2004년 11월. 강원 양구 수입천 둘레 산자락

산새가 청미래덩굴 열매를 쪼아 먹었다.

2005년 3월. 충남 연기 고복저수지 둘레 산

새 둥지

새들은 스스로 둥지를 만들어 산다. 짝짓기를 하고 나면 알을 낳고, 품고, 알에서 깬 새끼를 기를 곳이 필요하기 때문이다. 나무줄기나 풀 줄기, 땅바닥, 처마 밑, 다리 밑, 물가, 바닷가 어디에서나 새 둥지를 찾아볼 수 있다.

오색딱따구리는 나무줄기에 구멍을 파서 둥지를 틀고, 여름에 알을 4~6개 낳는다. 입구 지름 6cm

2005년 4월. 경기 하남 검단산

붉은머리오목눈이는 작은키나무 가지 사이에 풀로 엮어 공처럼 생긴 둥지를 짓는다. 지름 10cm

2005년 10월. 서울 송파 마천동

새 모래 목욕

꿩은 하늘을 날기보다 땅에서 많이 지낸다. 둥지도 땅 위에 틀고 먹이도 땅바닥을 헤집고 다니면서 찾아 먹는다. 그래서인지 꿩은 다른 새보다 기생충이 많다. 날씨가 더워지면 기생충 때문에 몸이 가려워서 메마른 모래밭을 찾아 모래 목욕을 한다. 꿩이 모래 목욕을 한 자리는 앞이 트인 산비탈에 있어서 쉽게 찾을 수 있다. 보통 접시 모양으로 오목하게 파였고, 부드러운 모래흙이 3~5cm 깊이로 쌓여 있다. 이런 모래 목욕장은 여러 번 다시 찾는다. 꿩과 같은 무리인 메추라기도 모래 목욕을 한다.

메추라기 모래 목욕 자리
11 x 15cm

2005년 4월. 경기 안산 시화호

뼈와 깃털

산과 들에는 새 발자국과 새똥뿐만 아니라 죽은 새가 남긴 뼈와 몸에서 떨어진 새 깃털도 많이 볼 수 있다.

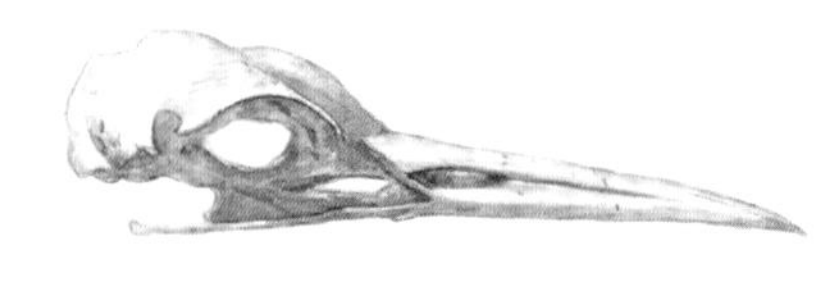

새 부리와 머리뼈
부리가 길고 뾰족한 것이 백로 같다. 길이 12cm

2005년 3월. 경기 파주출판단지 논둑

새 정강이뼈
길이 11cm

2005년 3월. 경기 파주출판단지 논둑

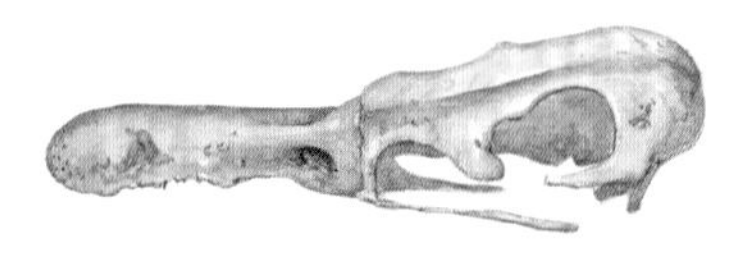

청둥오리 부리와 머리뼈

2005년 3월. 경기 파주출판단지 논둑

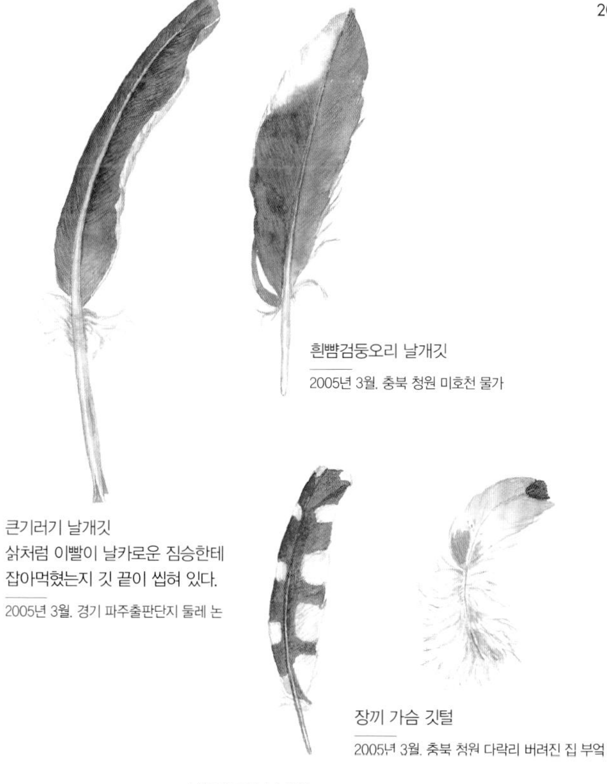

흰뺨검둥오리 날개깃

2005년 3월. 충북 청원 미호천 물가

큰기러기 날개깃
삵처럼 이빨이 날카로운 짐승한테
잡아먹혔는지 깃 끝이 씹혀 있다.

2005년 3월. 경기 파주출판단지 둘레 논

장끼 가슴 깃털

2005년 3월. 충북 청원 다락리 버려진 집 부엌

쇠딱따구리 날개깃

2005년 12월. 강원 설악산 십이선녀탕 골짜기

동물 흔적 더 알아보기

우리나라 젖먹이동물

젖먹이동물은 새끼를 낳아서 젖을 먹여 기르는 동물이다. '포유동물'이라고 한다. 우리나라에는 모두 120종쯤 되는 젖먹이동물이 산다. 그 가운데 쥐, 너구리, 삵, 고라니, 반달가슴곰처럼 산과 들에서 사는 젖먹이동물이 82종, 물개와 고래처럼 바다에서 사는 젖먹이동물이 40종이 넘는다. 개나 돼지, 소, 염소, 토끼, 고양이 같은 집짐승과 사람도 젖먹이동물이다.

젖먹이동물은 뼈와 근육이 발달했다. 튼튼한 네 다리로 잘 뛰고 앞니, 송곳니, 어금니 같은 이빨로 먹이를 끊거나 잘 씹을 수 있다. 또 머리가 좋고, 눈과 귀가 밝고 냄새도 잘 맡는다. 겨울잠 잘 때를 빼고 몸이 늘 따뜻하다. 살가죽은 털로 덮여 있는데, 털은 속이 비어 있어서 가볍고 따뜻하다. 해마다 봄가을이면 털갈이를 한다. 봄에는 더운 여름을 나기 좋게 솜털이 빠지고 가을에는 추운 겨울을 나기 좋게 따뜻한 솜털이 빽빽하게 나온다. 짧게는 1~2년쯤 살고, 길게는 수십 년에서 백 년이 넘게 살기도 한다.

뭍에서 사는 우리나라 젖먹이동물 82종

목명	과명	종명
식충목(13종)	고슴도치과	고슴도치
	두더지과	두더지
	첨서과	땃쥐, 제주땃쥐, 작은땃쥐, 갯첨서, 뒤쥐, 백두산뒤쥐, 쇠뒤쥐, 큰발뒤쥐, 꼬마뒤쥐, 큰첨서, 긴발톱첨서
박쥐목(25종)	관박쥐과	관박쥐, 제주관박쥐
	애기박쥐과	윗수염박쥐, 작은윗수염박쥐, 긴꼬리윗수염박쥐, 흰배윗수염박쥐, 오렌지윗수염박쥐, 물윗수염박쥐, 큰발윗수염박쥐, 참긴귀박쥐, 검은토끼박쥐, 집박쥐, 큰집박쥐, 멧박쥐, 북방애기박쥐, 안주애기박쥐, 생박쥐, 고려박쥐, 문둥이박쥐, 고바야시박쥐, 작은관코박쥐, 금강산관코박쥐, 북관코박쥐, 긴날개박쥐
	큰귀박쥐과	큰귀박쥐
쥐목(20종)	다람쥐과	청설모, 다람쥐, 하늘다람쥐, 날다람쥐
	뛰는쥐과	긴꼬리꼬마쥐
	쥐과	집쥐, 애급쥐, 생쥐, 멧밭쥐, 등줄쥐, 북숲쥐, 흰넓적다리붉은쥐, 비단털들쥐, 대륙밭쥐, 숲들쥐, 갈밭쥐, 쇠갈밭쥐, 비단털등줄쥐, 비단털쥐, 사향쥐
토끼목(2종)	우는토끼과	우는토끼
	멧토끼과	멧토끼
식육목(15종)	개과	너구리, 늑대, 승냥이, 여우
	곰과	반달가슴곰, 불곰
	족제비과	족제비, 무산흰족제비, 수달, 노란목도리담비, 오소리
	고양이과	삵, 스라소니, 표범, 호랑이
소목(7종)	멧돼지과	멧돼지
	사향노루과	사향노루
	사슴과	고라니, 노루, 꽃사슴, 누렁이
	소과	산양

식충목

식충목은 벌레를 잡아먹는 동물 무리라는 뜻으로 젖먹이동물 가운데 진화 단계가 가장 낮다. 고슴도치, 두더지, 땃쥐 따위가 있다. 대부분 주둥이가 길고 뾰족하며, 몸집은 작지만 엄청나게 많이 먹는다.

박쥐목(익수목)

박쥐목은 젖먹이동물 가운데 쥐목 다음으로 수가 많다. 날개막이 있어서 새처럼 날 수 있다. 다리가 약해서 땅에서는 잘 걷지 못한다. 하루 저녁에 제 몸무게 3분의 1쯤 되는 먹이를 잡아먹는다. 파리나 나방이나 하루살이 같은 벌레를 많이 먹는다. 날이 추워지면 동굴 벽이나 천장에 거꾸로 매달려 겨울잠을 잔다.

집박쥐

쥐목(설치목)

쥐목은 젖먹이동물 가운데 수가 가장 많다. 한 해에 여러 번 새끼를 친다. 앞니가 크고 튼튼해서 무엇이든 갉아 대고, 이것저것 가리지 않고 잘 먹는 잡식성이다. 대부분 몸집이 작고 꼬리가 길며, 뒷발이 앞발보다 훨씬 크다. 청설모나 다람쥐도 쥐목에 든다. 쥐나 청설모는 겨울잠을 안 자고, 다람쥐는 겨울잠을 잔다.

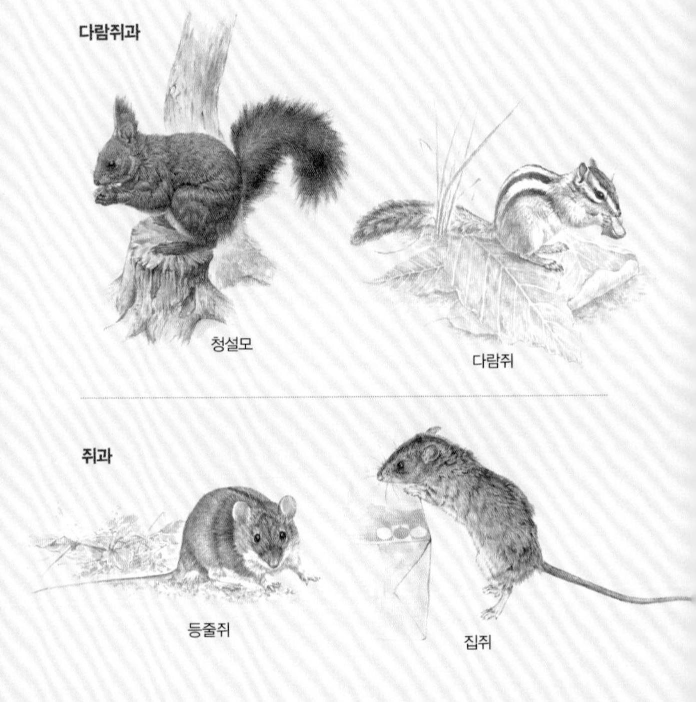

다람쥐과

청설모

다람쥐

쥐과

등줄쥐

집쥐

토끼목

토끼는 쥐목에 들어 있다가 토끼목으로 따로 갈라져 나왔다. 쥐처럼 앞니가 발달했다. 먹이를 씹을 때 아래턱을 양 옆으로 움직인다. 우리나라에는 멧토끼와 우는토끼 두 종이 있다.

멧토끼과

멧토끼

식육목

식육목은 고기를 먹는 동물 무리라는 뜻이다. '육식 동물'이라고도 한다. 크고 날카로운 이빨이 있어서 고기를 물고 찢기 좋다. 혼자 사는 종이 많다. 우리나라에는 개과, 곰과, 족제비과, 고양이과 동물 15종이 산다. 너구리나 곰이나 오소리는 식육목이지만 이것저것 안 가리고 다 먹는 잡식성이다. 또 다른 동물과 달리 겨울잠을 잔다.

개과

너구리

곰과

반달가슴곰

족제비과

족제비

수달

고양이과

호랑이

소목(우제목)

소목은 소처럼 발굽이 두 개씩 있는 동물이다. 우리나라에는 멧돼지과, 사향노루과, 사슴과, 소과 동물 7종이 있다. 거의 다 풀이나 나무만 먹는 '초식 동물'이고 성질이 순하다. 멧돼지만 잡식성이고 힘이 세다. 소목 동물은 모두 겨울잠을 안 잔다.

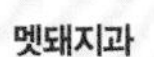

멧돼지과

멧돼지

사슴과

고라니

노루

소과

산양

동물이 남긴 흔적

발바닥 생김새

동물 발자국은 발바닥 생김새에 따라 다르다. 발바닥은 발톱과 발가락과 발바닥 못으로 이루어진다. 발바닥 못은 '발바닥 패드'라고도 한다. 발톱은 점이나 세모꼴로 찍히고, 발가락은 동그랗거나 달걀꼴로 찍힌다. 발바닥 못은 몸무게를 지탱하고, 몸에 오는 진동이나 충격을 줄이는 구실을 한다. 고라니 같은 소목 동물은 발굽이 발달했다. 발굽은 발톱이 바뀐 것이다.

너구리 발바닥과 발자국

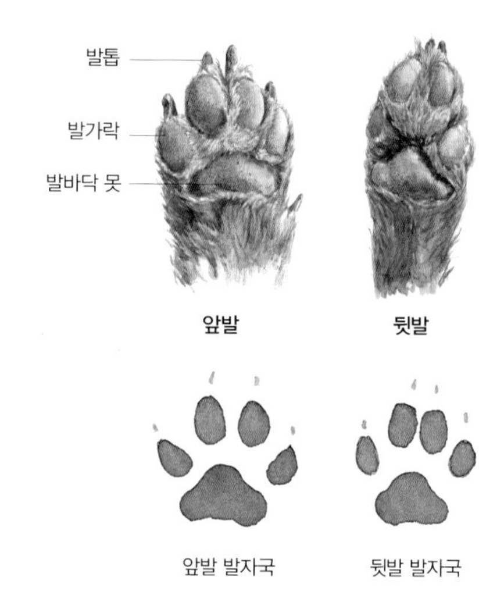

청설모 발바닥과 발자국

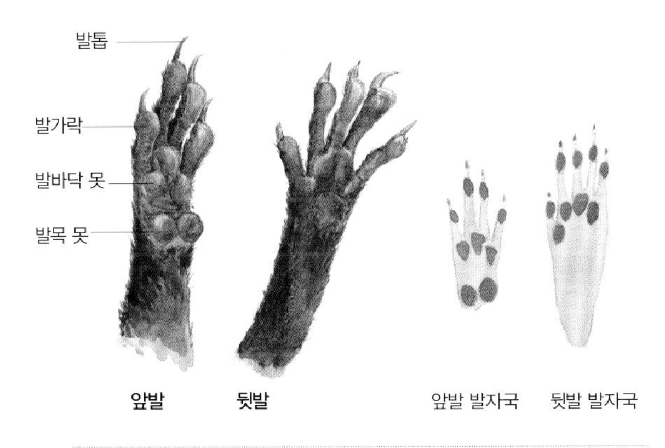

고라니 발바닥과 발자국

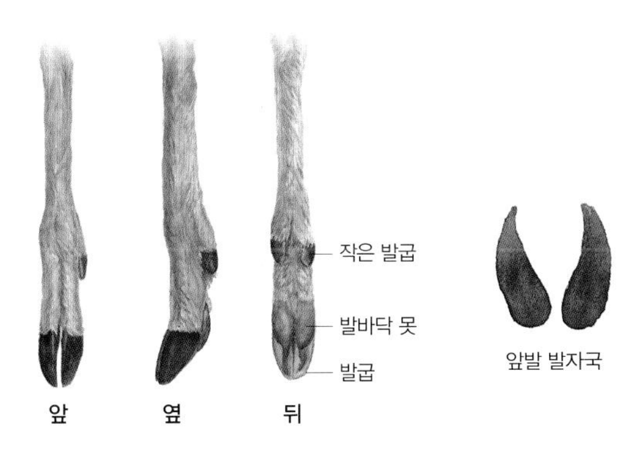

똥과 펠릿

동물은 똥과 오줌으로 제 땅임을 알린다. 똥을 자세히 살펴보면 무엇을 먹고 사는지도 알 수 있다. 펠릿은 새가 입으로 토해 내는 찌꺼기 덩어리다. 얼핏 보면 짐승 똥처럼 보인다.

초식 동물 똥

풀이나 나뭇잎이나 나뭇가지를 먹는 초식 동물은 알 똥을 싼다. 식물만 먹기 때문에 똥이 깨끗하고 냄새도 거의 안 난다.

동그랗고 납작한 멧토끼 똥

한쪽은 오목하게 들어가고
다른 한쪽은 뾰족하게
튀어나온 고라니 똥

알 똥 수십 개가 뭉쳐서
나온 고라니 똥

양 끝이 뭉툭하게 튀어나온
산양 똥

육식 동물 똥

고기를 먹는 육식 동물은 똥자루가 길쭉한 줄기 똥을 싼다. 보통 똥구멍에서 먼저 나오는 쪽은 끝이 뭉툭하고 나중에 나오는 쪽은 뾰족하다. 고기를 먹고 싼 똥이라 냄새가 심하고 색깔은 거무튀튀하다.

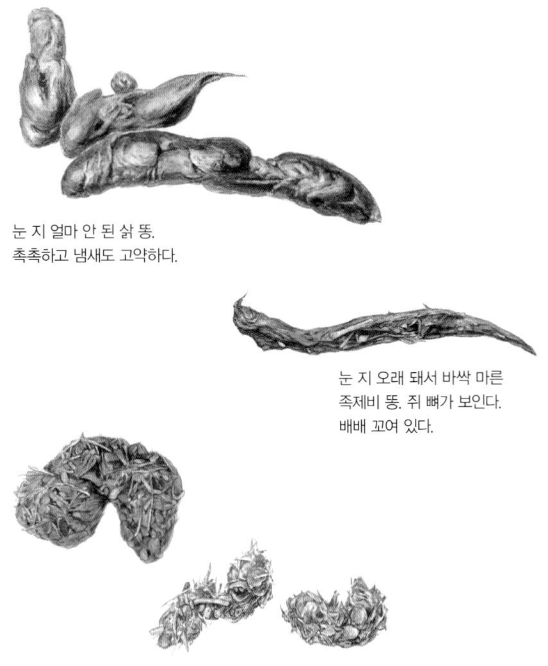

눈 지 얼마 안 된 삵 똥.
촉촉하고 냄새도 고약하다.

눈 지 오래 돼서 바싹 마른
족제비 똥. 쥐 뼈가 보인다.
배배 꼬여 있다.

물고기 뼈와 가시가 잔뜩 들어
있는 수달 똥. 비릿한 냄새가 난다.

잡식 동물 똥

식물도 먹고 동물도 먹는 잡식 동물로는 너구리나 멧돼지, 오소리, 곰, 청설모 따위가 있다. 너구리나 오소리는 다른 육식 동물처럼 길쭉한 덩어리 똥을 주로 싼다. 멧돼지는 밤이나 땅콩같이 생긴 알 똥을 줄줄이 싸기도 하고 긴 덩어리 똥도 싸고 물똥도 싼다. 청설모 똥이나 쥐똥은 작고 가늘고 긴 알 똥이다.

무더기로 쌓여 있는 너구리 똥.
벼 껍질도 보이고 새 털과
뼈도 보인다.

밤톨만 한 멧돼지 똥.
곰팡이가 피었다.

다니는 길에 흘려 놓은
멧돼지 똥

청설모 똥

새똥과 펠릿

풀이나 나무 열매를 먹는 새들은 주로 원통 꼴로 생긴 된똥을 싼다. 왜가리나 갈매기 똥은 물찌똥이어서 똥만으로는 무엇을 먹었는지 알 수 없다. 새는 똥오줌을 따로 싸지 않고 한꺼번에 싼다. 똥에 허옇게 묻어 있는 것이 오줌이다.

펠릿은 새가 고기를 먹은 뒤 입으로 토해 낸 찌꺼기 덩어리다. 얼핏 보면 육식 동물이 싼 똥 덩어리처럼 보인다. 냄새가 똥처럼 고약하지 않다. 또 짐승 털이나 뼈 부스러기가 들어 있어서 무엇을 먹었는지 알 수 있다.

큰기러기가 논에서 벼 낟알을 주워 먹고 싼 똥

나무 열매 씨가 그대로 나온 딱새 똥

허옇게 오줌이 묻어 있는 장끼 똥

독수리가 고라니를 먹고 토해 낸 펠릿

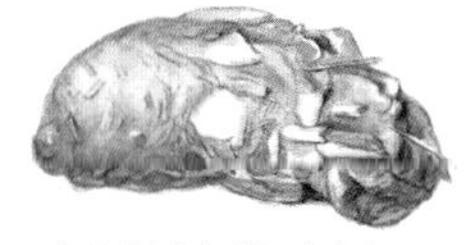

수리부엉이가 새를 잡아먹고 토해 낸 펠릿

참매가 흰쥐를 먹고 토해 낸 펠릿

먹은 자리

동물이 먹은 자리는 티가 난다. 초식 동물은 풀이나 나뭇가지에 뜯어 먹거나 갉아 먹은 자국을 남긴다. 육식 동물은 먹이를 사냥해서 고기와 내장을 먹고 뼈나 털 따위를 남긴다. 너구리나 멧돼지는 먹이를 찾아 여기저기 뒤진 자국을 남기기도 한다.

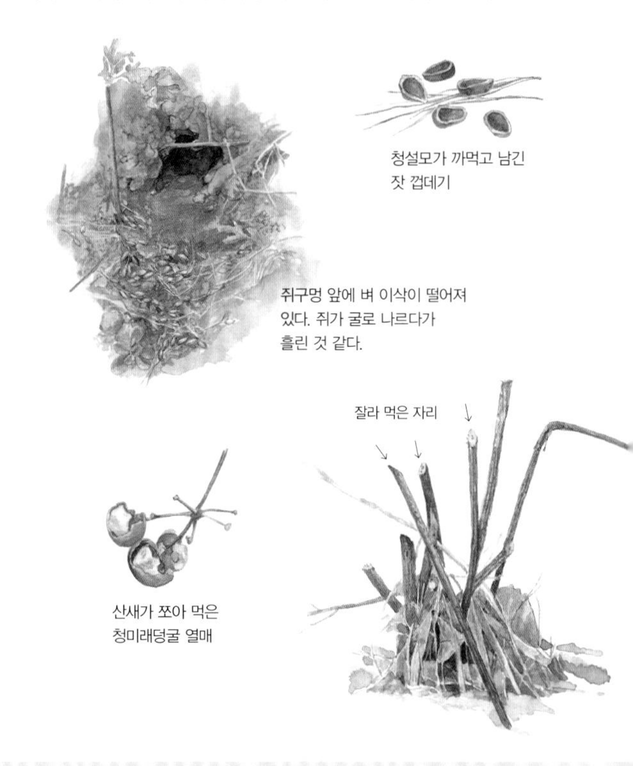

청설모가 까먹고 남긴 잣 껍데기

쥐구멍 앞에 벼 이삭이 떨어져 있다. 쥐가 굴로 나르다가 흘린 것 같다.

산새가 쪼아 먹은 청미래덩굴 열매

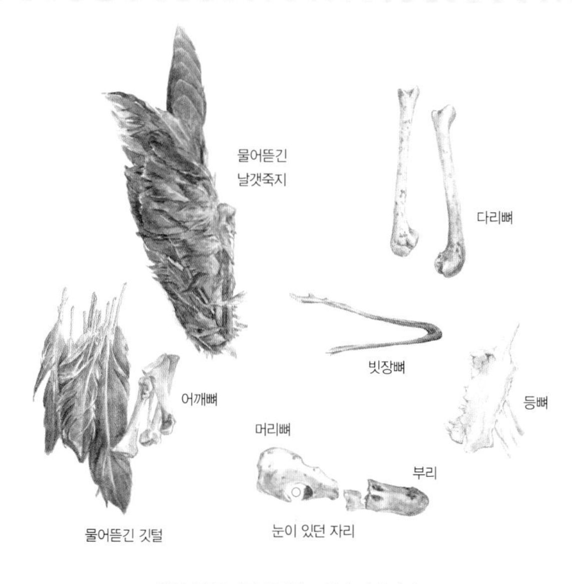

삵이 청둥오리를 잡아먹고 남긴 뼈와 깃털

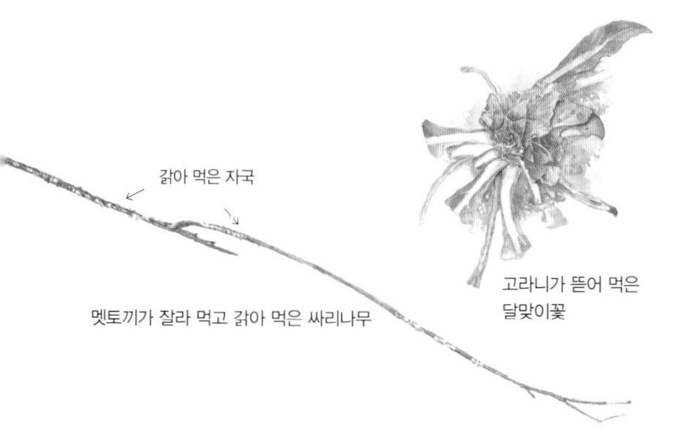

멧토끼가 잘라 먹고 갉아 먹은 싸리나무

고라니가 뜯어 먹은
달맞이꽃

보금자리와 쉼터

개과나 족제비과 동물은 대부분 땅속에 굴을 파서 보금자리를 꾸민다. 두더지와 고슴도치, 쥐와 다람쥐도 땅속에 굴을 파고 산다. 수달이나 삵은 스스로 굴을 파지 않고, 바위틈이나 나무 밑에 저절로 생긴 굴을 쓴다.

청설모는 나무 위에 둥지를 틀고 멧밭쥐는 풀 줄기에 둥지를 짓는다. 고라니나 멧돼지는 따로 굴을 두지 않고 그때그때 좋은 자리를 골라 잠을 잔다. 고라니는 새끼를 낳고 키울 때도 보금자리를 따로 만들지 않는다. 멧돼지는 새끼를 낳을 때만 커다란 풀 무더기를 만들어 그 위에서 새끼를 낳는다.

풀밭에서 고라니가
잠을 자고 갔다.

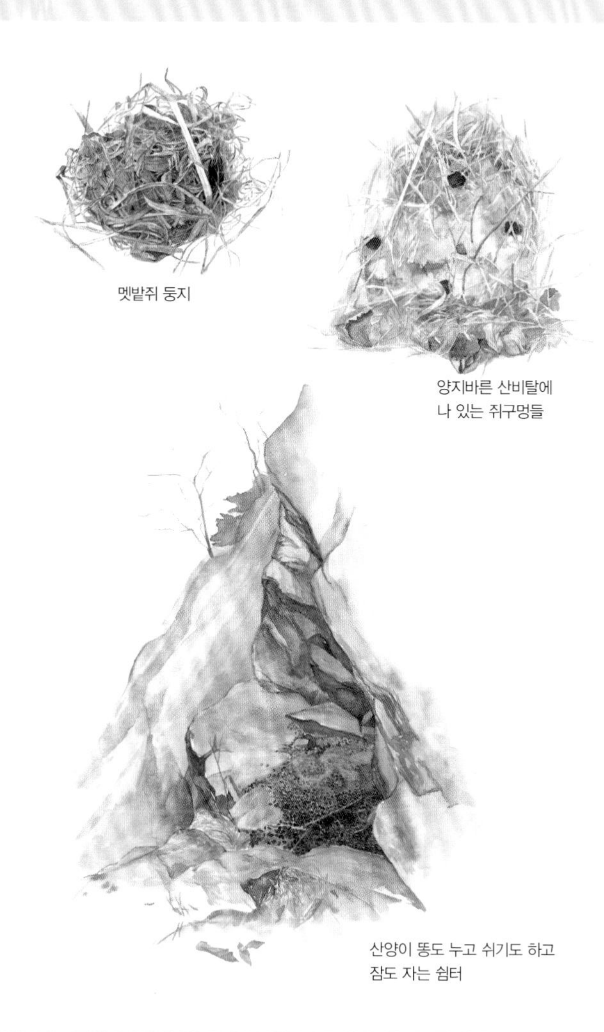

멧밭쥐 둥지

양지바른 산비탈에
나 있는 쥐구멍들

산양이 똥도 누고 쉬기도 하고
잠도 자는 쉼터

또 다른 흔적

뿔로 비빈 자국

뿔이 있는 동물은 나무에 뿔을 비벼서 자국을 남긴다. 노루는 새 뿔이 자라는 봄이나 짝짓기 철인 가을에 나무줄기에 대고 뿔을 마구 비빈다. 산양도 제 땅임을 알리려고 나무줄기에 뿔을 비빈다.

산양이 나무에 뿔을
비빈 자국

등 비빈 자국

멧돼지나 곰은 등이 가려울 때 나무줄기에 대고 비빈다. 나무껍질 사이에 털이 끼어 있기도 한다.

멧돼지가 참나무에 등을 비볐다.
자주 와서 그랬는지 비빈 자리가
반들반들 닳아 있다.

멧돼지 털

동물이 낸 길

동물도 다니는 길이 따로 있다. 사람이 걷기 좋겠다 싶은 곳은 동물도 그렇게 느낀다. 좋은 길은 한 동물만 다니지 않고 몸집이 비슷한 다른 동물들도 같이 오고 간다.

산양이 다니는 길

흔적을 보기 힘든 동물

흔적을 보기 힘든 동물도 있다. 박쥐는 다른 동물과 달리 하늘을 날아다니며 날벌레 따위를 잡아먹는다. 그리고는 깜깜한 동굴이나 지붕 속에 들어가 천장에 거꾸로 매달려 산다. 동굴 바닥에 똥을 싸기는 하지만 일부러 찾아가지 않으면 보기 힘들다. 하늘다람쥐도 높은 나무 꼭대기에 살면서 이 나무 저 나무로 옮겨 다닌다. 땅으로는 좀체 안 내려온다. 나무 꼭대기에 있는 나무 구멍이나 둥지에 살아서 흔적을 보기 어렵다.

박쥐

하늘다람쥐

사라지는 동물과 새로운 동물

몸집이 큰 젖먹이동물은 우리 땅에서 점점 사라지고 있다. 호랑이나 표범은 남녘에서 더 이상 볼 수 없다. 사향노루나 우는토끼, 누렁이, 스라소니, 승냥이 같은 동물은 북녘에만 살고 수도 시나브로 줄고 있다. 수달이나 오소리, 노란목도리담비, 산양도 점점 살 곳을 잃어가고 있다. 요즘에는 반달가슴곰이나 여우를 우리 땅에 되살리려고 애쓰고 있다.

이와 달리 밍크나 뉴트리아 같은 동물은 요즘에 우리나라로 들어와 수가 늘어나고 있다. 마땅한 천적이 없어서 수가 너무 많이 늘어나 토종 생태계를 어지르고 있다.

밍크

승냥이

찾아보기

학명 찾아보기

R

S

T

U

V

우리말 찾아보기

가

나

다

마

바

사

아

자

차

카

타

파

하

참고한 책

《동물원색도감》 김리태 외, 과학백과사전출판사, 1982, 평양

《동물의 세계》 금성청년출판사, 1981, 평양

《박쥐》 손성원, 지성사, 2001

《사라져가는 한국의 야생동물을 찾아서》 김연수, 당대, 2003

《세밀화로 그린 보리 어린이 동물도감》 보리출판사, 1998

《야생 동물》 윤명희, 대원사, 1992

《우리가 사체를 줍는 이유》 모리구치 미츠루 지음, 박소연 옮김, 가람문학사, 2004

《우리나라 동물》 과학지식보급출판사, 1963, 평양

《우리나라 위기 및 희귀 동물》 MAB National Committee of DPR Korea, 2002, 평양

《저 푸름을 닮은 야생 동물》 유병호, 다른세상, 2000

《조선짐승류지》 원홍구, 과학원출판사, 1968, 평양

《조선 포유류 도설》 원홍구, 과학원출판사, 1955, 평양

《한국동식물도감 제7권 동물편 포유류》 문교부, 1967

《한국동물명집》(곤충 제외) 한국동물분류학회, 아카데미서적, 1997

《한국야생동물기》 이상오, 박우사, 1959

《한국의 새》 이우신 외, 엘지상록재단, 2000

《한국의 포유동물》 원병오 외, 동방미디어, 2004

글 / 감수

박인주 1945년 중국 헤이룽장성 목란현에서 태어났다. 동북임업대학에서 야생 동물 생태학을 공부했고, 중국과 우리나라 야생 동물 연구와 보전에 힘써 왔다. 세계야생동물기금협회(WWF), 지구환경기금(GEF), 야생동물보호협회(WCS)와 함께 조사 활동을 진행했고, 서울대학교와 경희대학교에서 초빙 교수를 지내기도 했다. 《세밀화로 그린 보리 어린이 동물 흔적 도감》에 글을 썼다.

흔적 그림

문병두 1968년 전라남도 광주에서 태어났다. 중앙대학교에서 조각을 공부했고, 그림책 《야, 발자국이다》, 《겨울잠 자니?》, 《동물들은 일 년을 어떻게 보낼까요?》와 《세밀화로 그린 보리 어린이 동물 흔적 도감》에 그림을 그렸다.

세밀화

강성주 1970년 전라남도 고흥에서 태어났다. 홍익대학교에서 동양화를 공부했고, 《산짐승》, 《세밀화로 그린 보리 어린이 동물 흔적 도감》에 그림을 그렸다.